W0261090

Verständliche Wissenschaft

Neunter Band

Die Wunder des Weltalls

Von

Clarence Augustus Chant

Springer-Verlag Berlin Heidelberg GmbH 1941

Die Wunder des Weltalls

Eine leichte Einführung
in das Studium der Himmelserscheinungen

Von

Clarence Augustus Chant

Professor für Astrophysik
an der Universität Toronto
⟨Canada⟩

Ins Deutsche übertragen von

Dr. W. Kruse

Hamburg‐Bergedorf

Zweite Auflage

6. bis 10. Tausend

Mit 138 Abbildungen

Springer-Verlag Berlin Heidelberg GmbH 1941

ISBN 978-3-642-89355-1   ISBN 978-3-642-91211-5 (eBook)
DOI 10.1007/978-3-642-91211-5

Softcover reprint of the hardcover 2nd edition 1941

Vorwort.

Dieser Band soll eine leichtverständliche und unterhaltende Einführung in das Studium des Himmels sein. Er ist im Gesprächston geschrieben und mit vielen Abbildungen — zum großen Teil nach photographischen Aufnahmen — durchsetzt. Der Verfasser hofft, daß Lektüre des Textes und gleichzeitiges aufmerksames Studium der Abbildungen den Lesern eine innige Bekanntschaft mit den Himmelskörpern vermitteln werden.

Ausgangspunkt der Betrachtungen ist die Beobachtung. Der Leser wird ins Freie geführt, und seine Aufmerksamkeit wird auf die verschiedenen Erscheinungen gelenkt, die an dem Himmelsdom, der sich über ihm wölbt, zu sehen sind. Von den beobachteten Erscheinungen führt den Beobachter ein einfacher und logischer Gedankengang dazu, die wahre Bedeutung des Geschehenen zu erkennen und zu verstehen, warum die Astronomen glauben, daß sich die Erde um eine Achse dreht und gleichzeitig um die Sonne bewegt. Es wird gezeigt, wie leicht wir uns täuschen lassen, und wieso wir unseren Verstand gebrauchen müssen, um zu entscheiden, welche Theorien anzunehmen und welche zu verwerfen sind.

Die grundlegenden Vorstellungen über den allgemeinen Bau des Weltalls werden im ersten Teil entwickelt. Es wird zu dessen Verständnis nötig sein, den Kopf etwas anzustrengen; der Verfasser glaubt aber, daß diese Anstrengung sich lohnt und auch unumgänglich nötig ist, wenn man das Weltall wirklich begreifen will. Sie übersteigt übrigens nicht die Leistungsfähigkeit älterer Volksschüler und noch weniger solcher Leser, deren geistige Entwicklung weiter fortgeschritten ist.

V

Der zweite und dritte Teil handeln in einiger Ausführlichkeit von der Erde, der Sonne, dem Mond, den Planeten, den Sternen und den übrigen Himmelskörpern. Jeder Abschnitt irgendeines Kapitels kann für sich gelesen werden und enthält eine Menge interessanter Tatsachen.

Die verschiedenen Gegenstände sind in einer bestimmten zusammenhängenden Folge angeordnet, so daß das Ganze eine gewisse Vollständigkeit besitzt; der Verfasser möchte aber betonen, daß bei der Abfassung dieses Buches nicht die Absicht bestanden hat, ein Lehrbuch zu schreiben. Sein Hauptziel war, ein klares und lebendiges Bild unserer großen Welt zu geben, damit der Leser die Dinge — mit dem geistigen Auge — wirklich sieht: die um die Sonne kreisende Planetenfamilie und die Myriaden von fernen Sonnen weit draußen in den Tiefen des Raums! Seine Absicht ist, den Wissensdrang junger Menschen zu wecken, ihre Phantasie anzuregen und ihnen einen Begriff von der Majestät, der Rätselhaftigkeit und Erhabenheit aller dieser Dinge zu vermitteln.

Wer von der Natur um sich und dem Himmel über sich nichts kennt und weiß, geht an vielen geistigen Freuden des Lebens vorbei!

Über dem Eingang alter ägyptischer Tempel findet man häufig, in den Stein gehauen, eine geflügelte Sonne. Das lenkte den Sinn auf die wohltätige Beherrscherin des Tages; zugleich stellte es aber den Besuchern des Tempels eine Erleuchtung des Geistes in Aussicht, die sie befähigen würde, die Rätsel dieses und des zukünftigen Lebens zu begreifen.

Der Verfasser möchte bescheiden die Hoffnung aussprechen, daß alle, die durch die nachfolgenden Kapitel in den Tempel der Astronomie einzutreten trachten, geistige Erleuchtung finden und zugleich eine vertiefte Ehrfurcht vor den wunderbaren Werken des großen Weltherrschers gewinnen mögen.

C. A. Chant.

Inhaltsverzeichnis.

Dritter Teil.

Die Welt der Sterne.

VIII

Erster Teil.

Das Himmelsgewölbe und seine Bewegungen.

Erstes Kapitel.

Das Himmelsgewölbe.

Die Himmelskugel.

Gehen wir einmal hinaus ins Freie und halten wir Umschau! Wir haben den Eindruck, auf einer flachen Ebene zu stehen, im Mittelpunkte einer großen Halbkugel, die von dem sich über uns wölbenden Himmel gebildet wird. Wenn man mitten in einer großen Stadt wohnt, hat man es nicht leicht, einen vollständigen Überblick über diese Halbkugel zu gewinnen, weil die Häuser den Blick behindern; aber draußen auf freiem Felde oder auf einer großen Wasserfläche ist die ganze Halbkugel des Himmels deutlich sichtbar.

Hier erhebt sich natürlich eine Frage: Ist diese Halbkugel der ganze Himmel, oder gibt es noch eine andere Hälfte, die unter unserer Ebene liegt und so für uns unsichtbar ist?

Bei unserer weiteren Beschäftigung mit dem Himmel werden wir zu der Überzeugung kommen, daß er wirklich eine ganze Kugel bildet: die eine Hälfte liegt über, die andere unter unserer Ebene. Die Abb. 1 zeigt das. Wir sehen da einen Menschen im Mittelpunkt einer horizontalen Ebene. Der Himmel bildet über ihm eine Halbkugel, die er sieht, und unter ihm eine Halbkugel, die er nicht sehen kann.

Diese von dem Himmel gebildete Kugel wird die Himmelskugel oder das Himmelsgewölbe genannt.

Die tägliche Bewegung der Sonne.

Es möge 9 Uhr morgens sein. Der Himmel ist blau, vielleicht mit einigen weißen Wolken bedeckt, und im Südosten sehen wir etwas sehr Helles, das wir die Sonne nennen. Sie sieht da oben zwischen den Wolken aus wie eine runde Scheibe auf der Innenfläche des Himmels.

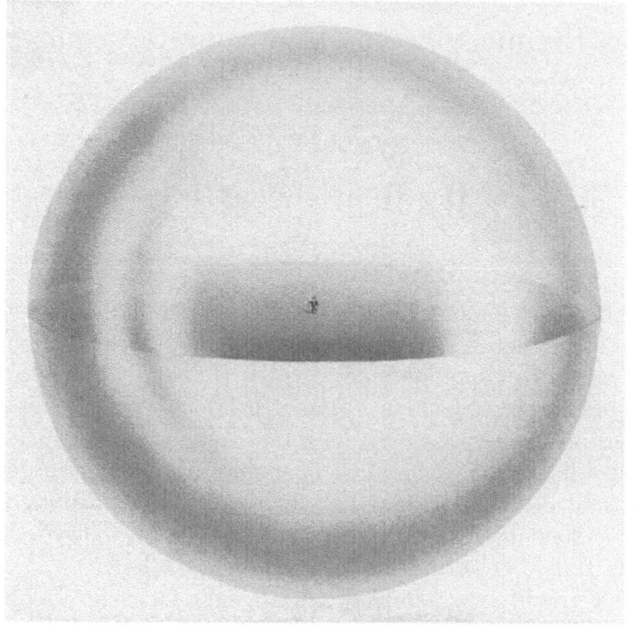

Abb. 1. Die Himmelskugel.
Der Beobachter befindet sich im Mittelpunkt einer horizontalen Ebene, der Himmel bildet über ihm eine Halbkugel.

Wir wissen, daß sie immer im Osten aufgeht — obwohl sehr wenige von uns sie jemals über den Rand unserer horizontalen Ebene haben heraufkommen sehen! —, daß sie aufwärts und nach Westen wandert, und daß sie ihre höchste Stellung um die Mittagszeit im Süden erreicht. Wir sehen sie dann — langsam von ihrer Mittagshöhe herunterkletternd — weiter nach Westen wandern und schließlich am Abend unter den westlichen Horizont sinken. In Abb. 2 sehen wir die Sonne, zuerst, wie ihr oberer Rand gerade über dem östlichen Horizont erscheint, dann in ihrer Stellung am Mittag und schließlich, wie sie gerade unter den westlichen Horizont verschwindet.

Hier erhebt sich eine weitere Frage. Läuft die Sonne an der Himmelsfläche *entlang* oder ist sie *daran befestigt*, so daß Sonne und Himmel zusammen wandern müssen? Wer hat schon einmal darüber nachgedacht?

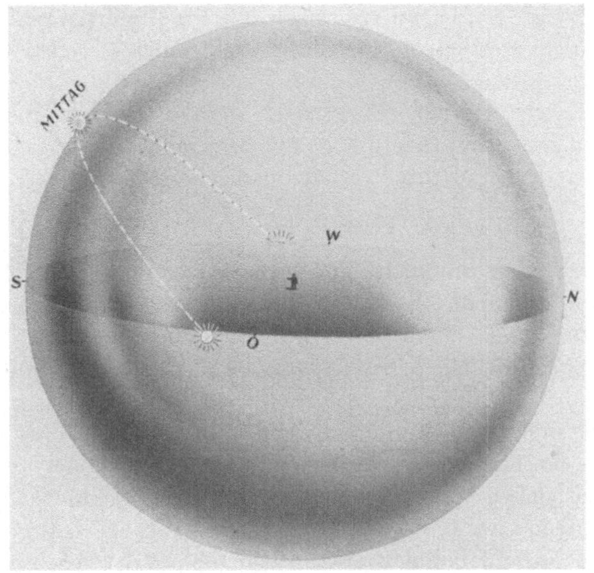

Abb. 2. Die Himmelskugel.

Für den Beobachter im Mittelpunkt geht die Sonne im Osten auf, wandert auf- und westwärts, erreicht mittags ihren höchsten Punkt und wandert dann nach dem Westhorizont hinüber, wo sie untergeht.

Die tägliche Bewegung des Mondes.

Bei Nacht finden wir einen veränderten Schauplatz. Der Himmel ist dunkelblau, fast schwarz; er ist bedeckt mit vielen hellen Punkten, die wir Sterne nennen. Einige sind strahlend hell, aber die meisten leuchten nur schwach, und man kann sie nur sehen, wenn man nach ihnen sucht. Gruppen dieser Sterne scheinen Dreiecke, Quadrate zu bilden, einen Wagen oder andere Figuren. Wir werden einige von ihnen später noch genauer betrachten.

Wahrscheinlich ist auch der Mond sichtbar in einer seiner vielen Gestalten oder „Phasen“, wie man sie nennt. Nehmen wir an, er sei gerade rund wie die Sonne — wir nennen ihn dann „Vollmond“ — und stehe drüben im Osten, dicht über dem Horizont. Wir wollen sein Verhalten beobachten. Wir finden, daß er gleichmäßig nach Westen hinüberwandert und unter dem westlichen Horizont verschwindet — genau wie die Sonne.

Wirklich: wie der Mond auch gerade aussehen mag, wir werden ihn, wenn wir ihn genau beobachten, über den Himmel wandern und im Westen untergehen sehen.

Die tägliche Bewegung der Sterne.

Nun wollen wir auch die Sterne beobachten. Vielleicht finden wir unten im Osten drei, die ein Dreieck bilden, und im Westen einige, die auf einer geraden Linie liegen. Im Norden sehen wir die sieben Sterne, die als „Wagen“ bekannt sind. Sie bilden einen Teil des Sternbildes „Großer Bär“.

Eine oder zwei Stunden später wollen wir uns diese Sterne wieder ansehen. Die im Osten stehen viel höher, die im Westen stehen viel tiefer oder sind vielleicht schon ganz verschwunden, während der Wagen, der vorher richtig stand, sich so gedreht hat, daß er nun beinahe auf der Deichsel steht.

Es sieht ganz und gar so aus, als ob der ganze Himmel mit Sonne, Mond und allen Sternen in Bewegung ist, daß er sich unaufhörlich von Osten nach Westen dreht und in einem Tage eine vollständige Umdrehung macht!

Photographische Aufnahmen bei Tag und bei Nacht.

Ein gutes Mittel, die Bewegung eines hellen Objektes zu untersuchen, ist die Photographie. Abb. 3 zeigt eine Aufnahme eines Platzes in Toronto (Canada), die an einem Winternachmittag gemacht ist. Man sieht, wie zwei Autos auf die Stra-

4

ßenkreuzung zufahren, und wie drei Leute durch den Schnee marschieren. Da die Autos stillzustehen scheinen, muß die Belichtung sehr kurz gewesen sein — ein kleiner Bruchteil einer Sekunde.

Sehen wir uns nun einmal eine Aufnahme an, die am Abend mit derselben Kamera von derselben Stelle aus gemacht worden ist mit einer Belichtung von fünf Minuten (Abb. 4). Man sieht die elektrischen Lampen an der Straße und auch die

Abb. 3. Platz in Toronto (Canada) — Tagesansicht.
Die Aufnahme ist von einem Fenster des Parlamentsgebäudes aus gemacht.

erleuchteten Fenster der Häuser. Die Straße selbst erscheint hell, aber wo sind die Autos? Tatsächlich kamen viele die Straße entlang. Die Scheinwerfer jedes Wagens hinterließen zwei wie der Weg gekrümmte Spuren auf der Platte, und es kamen so viele Wagen mit so vielen Lichtspuren, daß schließlich der ganze Weg hell erschien. Bei genauem Zusehen sieht man die Lichter eines einzelnen Wagens, der ausbog, um einen anderen zu überholen. Man kann auch die Spuren von zwei oder drei Wagen sehen, die nach links abgebogen sind.

Abb. 4. Platz in Toronto — Nachtansicht.
Die Kamera stand bei dieser Aufnahme (um 20 Uhr) an derselben Stelle
wie bei der Aufnahme Abb. 3, die Belichtungszeit betrug aber fünf Minuten.

Abb. 5. Platz in Toronto — Nachtansicht bei längerer Belichtung.
Diese Aufnahme, bei der zwanzig Minuten belichtet wurde, zeigt bedeutend
mehr Einzelheiten.

Gleich danach ist von derselben Stelle aus eine Aufnahme von 20 Minuten gemacht worden; den Erfolg zeigt Abb. 5. Man kann jetzt die Bäume und die Häuser sehen. Die vielen Autos, die vorbeigefahren sind, haben Lichtspuren hinterlassen, die den Weg sehr deutlich hervortreten lassen. Man be-

Abb. 6. Der Polarstern mit seiner Umgebung.
Die Karte enthält die Sterne innerhalb 30° vom Himmelspol. Der Polarstern steht in der Mitte, und der hellste Stern am unteren Rande gehört zu dem als Wagen bekannten Sternbild.

achte auch die Spuren mehrerer Wagen, die ausgebogen sind, um andere zu überholen, und die Spur eines Wagens, der von links gekommen und geradeaus nach rechts weitergefahren ist.

Photographische Aufnahmen der Sterne.

Jetzt wollen wir mit den Sternen experimentieren.

Wenn man sich mit dem Gesicht nach Norden wendet und den Blick etwa 45 Grad oder etwas mehr (je nach der geographischen Breite) über den Horizont erhebt, so sieht man

inmitten anderer Sterne den Polarstern. Abb. 6 ist eine Karte
der Sterne, wie man sie am 1. November etwa um 21 Uhr
sieht. Der Polarstern steht im Mittelpunkt. Er bildet das
Schwanzende des Kleinen Bären, der auch als Kleiner Wagen
bezeichnet wird.

Wir wollen nun versuchen, diese Sterne zu photographieren. Nachdem wir einen Platz ausgesucht haben, wo der Nordhimmel nicht zu hell ist, stellen wir die Kamera auf einem

Abb. 7. Zirkumpolarsterne. Liebhaberaufnahme.
Die Aufnahme ist mit einer gewöhnlichen Kamera gemacht, die auf einem
Fensterbrett aufgestellt war. Belichtung: 2 Stunden. Der Mittelpunkt der
Kreise ist der nördliche Himmelspol. Die helle Spur in seiner nächsten Nähe
rührt vom Polarstern her.

Fensterbrett oder auf einer anderen festen Unterlage auf und
kippen sie so, daß sie auf den Polarstern gerichtet ist. Nachdem wir die Kamera auf Unendlich eingestellt haben, öffnen
wir und belichten recht lange — wenn möglich, mehrere
Stunden. Abb. 7 zeigt, was für ein Bild wir auf diese Weise
erhalten. Es ist mit einer gewöhnlichen Kamera von einem
Fenster in der Stadt aus aufgenommen worden; die Belichtung betrug ungefähr zwei Stunden. Man sieht eine große
Zahl von Spuren, deren jede von einem Stern hervorgebracht

8

ist. Man erkennt auch, daß alle Spuren Kreisbögen sind, nämlich Teile von Kreisen, die einen gemeinsamen Mittelpunkt haben.

Aus unserer Aufnahme müssen wir schließen, daß sich die Sterne im Norden auf Kreisen um einen gemeinsamen Mittelpunkt bewegen, und wir werden erwarten, daß sich die Länge ihrer Spuren nach der Dauer der Belichtung richtet. Die kräftige Spur nahe dem Mittelpunkt rührt von dem Polarstern

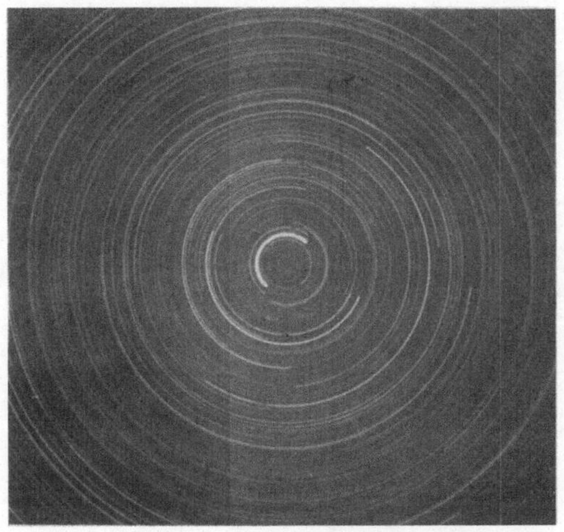

Abb. 8. Zirkumpolarsterne.
In einer langen Winternacht mit zwölf Stunden Belichtung aufgenommen.

her. Man beachte, daß dieser Stern sich nicht genau im Mittelpunkt der Kreise befindet, wenn er auch nahe dabei steht.

Mit einer Kamera, die speziell für Himmelsaufnahmen gebaut ist, lassen sich natürlich noch bessere Bilder herstellen. Abb. 8 ist eine Aufnahme der Lick-Sternwarte in Californien. Wie man sieht, war die Belichtung sehr lang. Wie lang war sie wohl? Und in welcher Jahreszeit ist die Aufnahme wohl gemacht worden?

Um unsere eigenen photographischen Experimente fortzusetzen, richten wir die Kamera nun nach Süden, neigen sie wieder um 45° oder etwas weniger und belichten wieder. Eine

Stunde ist diesmal genug (Abb. 9). Die Aufnahme ist mit einer ganz gewöhnlichen Kamera gemacht. Es kann tatsächlich jeder solche Aufnahmen machen. Man versuche es.

Alle Sterne beschreiben Kreise.

Dieses Bild (Abb. 9) wollen wir uns einmal genau ansehen.

Ungefähr in der Mitte sehen wir drei parallele Spuren, die ganz gerade zu sein scheinen. Sie rühren von den drei Sternen im Gürtel des Orion her. Der Orion ist, wie vielleicht bekannt ist, eins der prächtigen Winter-Sternbilder. Darüber ist eine

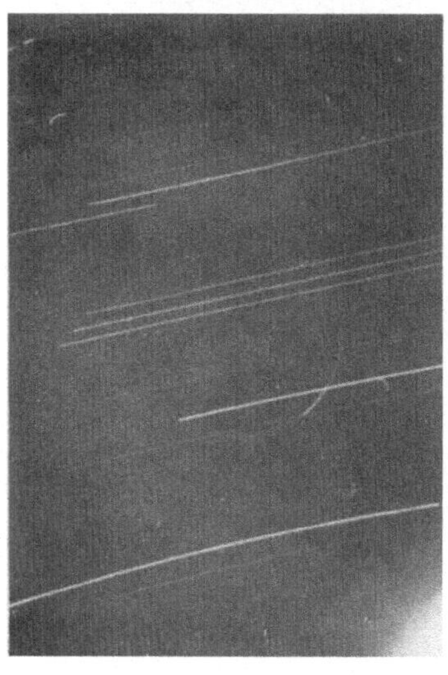

Abb. 9. Äquatorsterne.
Liebhaberaufnahme.

Für diese Aufnahme wurde die (gewöhnliche) Kamera, nach Süden gerichtet, um 45° gekippt. Belichtung: 1 Stunde. Die drei Spuren in der Mitte rühren von den Sternen im Gürtel des Orion her.

Spur, die sich nach oben krümmt; sie stammt von dem berühmten roten Stern Beteigeuze. Ein kurzes Stück unterhalb der Mitte sieht man die helle Spur des Sterns Rigel, während ganz unten die Spur des Sirius, des Hundssterns, auffällt, der der hellste Stern des Himmels ist und infolgedessen eine sehr helle Spur hervorbringt. Die Spuren von Sirius und Rigel sind abwärts gekrümmt. Sie sind ebenso wie die Spur von Beteigeuze Kreisbögen. So genau, wie wir das hier feststellen können, beschreiben also die Gürtelsterne gerade Linien, während die anderen Kreise beschreiben.

Wie können wir nun das alles erklären?

Das ist ganz leicht. Der ganze Himmel mitsamt den Sternen, die darauf befestigt zu sein scheinen, dreht sich offenbar um eine Achse, und so beschreibt jeder Stern einen Kreis. Die Achse geht durch den gemeinsamen Mittelpunkt der Kreise, die wir auf den Aufnahmen der Polsterne sahen (Abb. 7 und 8), und auch durch den gemeinsamen Mittelpunkt der Kreise, die von den uns unsichtbaren Sternen der Südhalbkugel beschrieben werden.

Der Punkt im Norden wird der Nordpol des Himmels oder

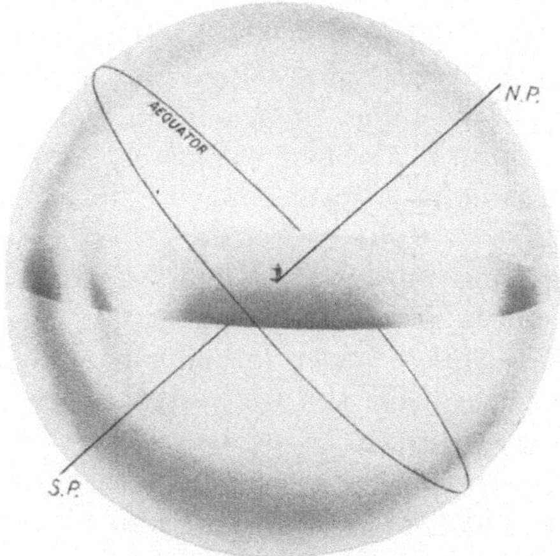

Abb. 10. Die Himmelskugel mit dem Nord- und Südpol des Himmels. Der Himmel dreht sich scheinbar um eine Achse, die durch die Himmelspole geht, und der Himmelsäquator liegt in der Mitte zwischen den Polen.

der nördliche Himmelspol genannt; der Punkt im Süden heißt der Südpol des Himmels oder der südliche Himmelspol. In der Abb. 10 sind die beiden Himmelspole zu sehen. Der Polarstern steht nahe bei, aber nicht genau in dem nördlichen Himmelspol; in der nächsten Umgebung des südlichen Himmelspols gibt es keinen Stern. In der Mitte zwischen den beiden Polen liegt der Äquator des Himmels oder Himmelsäquator.

Aus unseren Beobachtungen und Experimenten geht also hervor, daß sich die Himmelskugel um eine Achse dreht und die Sonne, den Mond und die Sterne, die auf ihrer Innenfläche sitzen, mitnimmt, und zwar jeden Tag einmal ganz herum. Das würde erklären, warum diese Gestirne im Osten aufgehen, über den Himmel ziehen und im Westen untergehen.

Bewegt sich der Himmel wirklich?

Halt! Das wollen wir doch noch einmal überdenken!

Stimmt das wirklich, daß die Sonne, der Mond und alle die Sterne am Himmel jeden Tag einmal um die Erde laufen? Ganz sicher sieht es so aus, und in alten Zeiten glaubten die Leute auch, daß sie es wirklich tun. Liegt hier eine Täuschung vor? Ist es möglich, das, was wir gesehen haben, auf irgendeine andere Weise zu erklären? Ja, es ist möglich.

Bisher haben wir immer angenommen, daß die Erde fest und unbeweglich an ihrer Stelle steht; was würden aber Sonne und Sterne — von uns aus gesehen — tun, wenn wir uns bewegen und sie in Ruhe bleiben?

Stellen wir uns vor, wir wollten eine Eisenbahnfahrt machen. Wir gehen nach dem Bahnhof und setzen uns in den Zug. Nebenan steht ein anderer Zug, und während wir aus dem Fenster sehen, bemerken wir, daß er sich in Bewegung setzt — oder wenigstens in Bewegung zu setzen scheint. Eine Zeitlang sind wir vielleicht nicht ganz sicher, ob unser Zug sich bewegt oder der andere, und wir müssen vielleicht nach den Rädern des anderen Zuges sehen, um festzustellen, ob sie sich drehen. Es sieht so aus, als ob der andere Zug rückwärts fährt, aber schließlich merken wir, daß unser Zug vorwärts fährt und der andere still steht.

Mit der Erde und den Sternen ist es genau so. Es sieht so aus, als ob der Himmel mit den Sternen sich von Osten nach Westen bewegt; aber es würde genau so aussehen, wenn die Sterne stillständen und die Erde sich in der umgekehrten Richtung drehte, nämlich von Westen nach Osten.

Wie sollen wir nun entscheiden, ob sich die Erde oder der Himmel bewegt?

Ein Experiment mit Kamera und Taschenlampe.

Abb. 11 zeigt einen Apparat, mit dem wir einige interessante Experimente machen können. Am linken Ende eines

Brettes ist eine Taschenlampe angebracht *(A)*; sie sitzt an
einem hölzernen Arm *(B)*, der mit Hilfe der Kurbel *C* gedreht werden kann. Der kleine helle Lichtpunkt in der Ta-

Abb. 11. Versuchsanordnung mit Kamera und Taschenlampe.
Man kann die Kamera drehen, während die Taschenlampe in Ruhe ist, oder
die Taschenlampe bewegen, während die Kamera ruht.

schenlampe wird also, wenn die Kurbel gedreht wird, einen
Kreis beschreiben. Am anderen Ende des Brettes ist eine Ka-

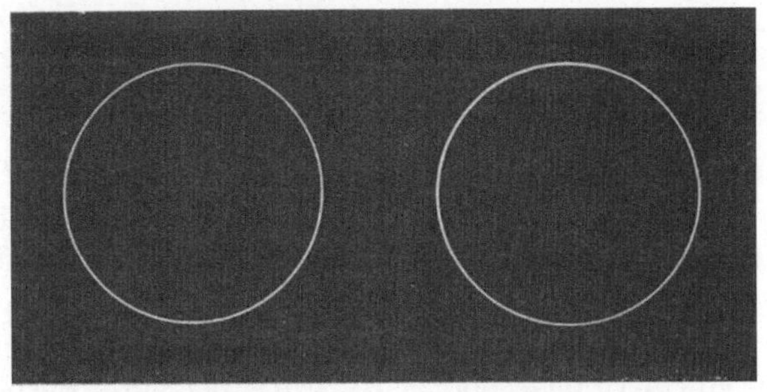

Abb. 12. Was der Versuch ergibt: Zwei vollkommen gleiche Kreise.
Der eine Kreis ergab sich durch Drehen der Taschenlampe, der andere durch
Drehen der Kamera, wie es aus der vorigen Abbildung zu ersehen ist.

mera angebracht, die ebenfalls — durch die Kurbel *D* — gedreht werden kann.

Wir können den folgenden Versuch anstellen. Wir bringen
die ganze Vorrichtung in ein verdunkeltes Zimmer und lassen

zuerst — ohne die Kamera zu bewegen — die Taschenlampe
einen Kreis beschreiben. Das von der Kamera aufgenommene
Bild ist natürlich ein heller Kreis. Nun bleibt die Taschenlampe in Ruhe, und die Kamera wird durch Drehung der
Kurbel D im Kreise herumgeführt.

Und mit welchem Erfolg? Die beiden Bilder sind in Abb. 12
wiedergegeben. Jedes ist ein Kreis, und man kann das eine
nicht vom anderen unterscheiden!

So ist es auch mit den Sternen und der Erde. Man kann
nicht sagen, ob die Sterne tatsächlich Kreise beschreiben oder
ob die Kamera rotiert, während sie von der Erde mitgeführt
wird.

Wie können wir denn nun herausfinden, was sich bewegt?
Es sind mehrere Experimente ausgedacht worden, um zu prü-
fen, ob die Erde sich dreht, aber sie sind alle ziemlich
schwierig auszuführen. Das bekannteste ist vielleicht das, bei
welchem eine besondere Art Pendel benutzt wird; aber auch
das Gyroskop ist dafür erfunden worden, und es gibt auch
einen Versuch, bei dem man Gegenstände aus großer Höhe
herunterfallen läßt. Alle diese Experimente werden in aus-
führlicheren Büchern über Astronomie beschrieben.

Der Kreiselkompaß zeigt, daß die Erde sich
dreht.

Einer der nützlichsten Gegenstände auf einem Ozean-
dampfer ist der Kompaß. Ohne ihn würde der Kapitän den
Weg zu keinem Hafen finden können. In den letzten Jahren
ist der gewöhnliche Magnetkompaß bis zu einem gewissen
Grade durch den sogenannten Kreiselkompaß verdrängt worden. In einem Unterseeboot z. B. ist das der einzige Kompaß,
den man benutzen kann, da ein Magnetkompaß unbrauchbar
ist, wenn er ganz von Eisen umgeben ist.

Abb. 13 zeigt die Einrichtung eines Kreiselkompasses.
Der wesentlichste Teil ist ein schweres Rad, das in sehr
schnelle Umdrehung versetzt werden kann. Es muß natürlich
sehr sorgfältig ausbalanciert sein, denn sonst würde der Apparat sehr bald in Stücke gehen. Das Rad ist in dem Ge-

häuse A eingeschlossen, und bei dem abgebildeten Modell hat es einen Durchmesser von 3o cm, wiegt 2o kg und macht 8600 Umdrehungen in der Minute. Bei einigen anderen Modellen ist die Zahl der Umdrehungen pro Minute fast doppelt so groß, aber die Räder sind dann nicht so groß und schwer. Das Rad und sein Gehäuse müssen mit größter Präzision

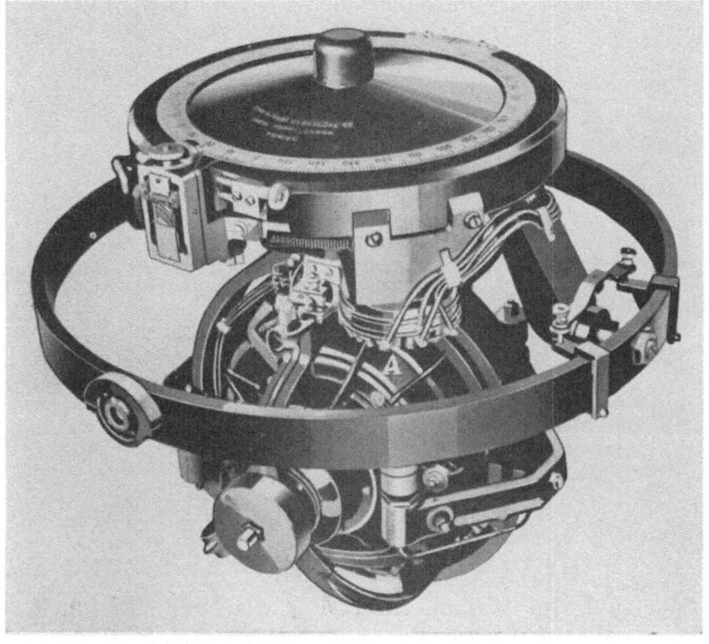

Abb. 13. Die innere Einrichtung eines Kreiselkompasses.
Das Instrument zeigt die genaue Nordsüdrichtung an und würde das nicht tun, wenn sich die Erde nicht um ihre Achse drehte.

montiert werden. Wenn nun das Rad herumwirbelt, dreht es sich, bis seine Achse in der Nord-Süd-Richtung liegt — bis die Achse in der Meridian-Ebene liegt, wie der Astronom sagt. Der in Grade geteilte Kreis (Abb. 13) ist mit dem Gehäuse verbunden, und an ihm kann man jederzeit genau den Kurs des Schiffes ablesen.

Wenn nun die Erde sich nicht um ihre Achse drehen würde, so würde sich der Kreiselkompaß nicht herumdrehen und so einstellen, wie er es tut; und so haben wir guten Grund zu glauben, daß die Erde sich dreht und nicht die Sterne. Die Achse, um die sich die Erde dreht, ist die Linie, um die sich die Himmelskugel zu drehen *scheint*.

Wenn wir am Nordpol der Erde ständen, wo würde sich da der Nordpol des Himmels befinden? Gerade über uns.

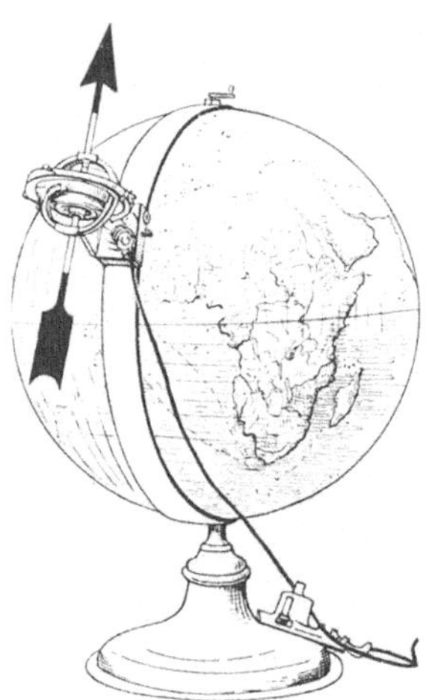

Abb. 14. Ein lehrreicher Versuch. Der Elektromotor, der durch seine schnelle Drehbewegung als Kreisel wirkt, ist so aufgehängt, daß man seine Drehachse in eine beliebige Richtung stellen kann. Sobald man jedoch den Globus (mitsamt dem Motor) langsam dreht, stellt sich die Kreiselachse in die Meridianrichtung.

Die Ursache von Tag und Nacht.

Wir sind also jetzt überzeugt, daß die Erde sich um ihre Achse dreht, von Westen nach Osten. Und diese Bewegung ist es, die Tag und Nacht hervorbringt.

Es sei Nacht. Der Himmel ist dunkel — es ist keine Sonne da, die uns Licht gibt. Die Erde dreht sich weiter um ihre Achse, bis sich schließlich der Himmel im Osten rosig überzieht. Dann steigt die Sonne selbst — scheinbar — am östlichen Horizont herauf. Es ist aber die Erde, die uns herumgedreht und so weit gebracht hat, daß wir die Sonne sehen können.

Wenn dann die Erde sich weiter-dreht, scheint die Sonne am Himmel höher zu steigen, bis es Mittag ist und sie unseren

16

Meridian erreicht. Die Erde dreht sich weiter von Westen nach Osten, und die Sonne scheint nach Westen zu wandern und herunterzusinken, bis sie schließlich am westlichen Horizont verschwindet. Wir sagen, daß die Sonne untergegangen ist.

Wir wissen jedoch, daß die Menschen, die westlich von uns wohnen, sich noch des Lichts und der Wärme der Sonne erfreuen, während für die, die auf der entgegengesetzten Seite der Erde wohnen, die Sonne gerade aufgeht.

Zweites Kapitel.

Wie sich Sonne und Mond am Himmel bewegen.

Der Weg des Mondes durch den Sternhimmel.

Jetzt wollen wir einmal unsere Aufmerksamkeit auf den Mond richten. Wir haben bereits beobachtet, daß er auf- und untergeht wie die Sonne; aber wir möchten nun auch gern herausbekommen, ob er an demselben Fleck des Himmels stehen bleibt, während dieser sich um die Erde dreht — oder, da diese Ausdrucksweise korrekter ist: während sich die Erde um ihre Achse dreht.

Wir können das leicht, wenn wir Abend für Abend beobachten, zwischen welchen Sternen sich der Mond befindet.

Man kann ja den Mond und die Sterne gleichzeitig sehen, und so wollen wir eine Sternkarte zeichnen und den Ort des Mondes sorgfältig in sie eintragen. Abb. 15 ist eine solche Sternkarte, die den Ort und die Gestalt des Mondes für den Abend des 20. Februar 1926 und die sechs folgenden Abende zeigt. Am 20. war er in der Nähe von Aldebaran, dem hellsten Stern im Sternbilde Stier, und man kann aus der Karte entnehmen, wie er durch dieses Sternbild und dann durch die Zwillinge und den Krebs hindurchgewandert ist.

Wenn wir den Ort des Mondes Abend für Abend einzeichnen, finden wir, daß er sich immerfort ostwärts bewegt, und daß er nach Verlauf eines Monats ganz um den Himmel her-

umgewandert und an die Stelle unter den Sternen zurückge-
kommen ist, an der er seine Reise begonnen hat.

Wir wollen einen Augenblick haltmachen und uns fragen,
ob wir nicht wieder das Opfer einer Täuschung werden. Bewegt sich der Mond wirklich um die Erde herum? Ja, er tut
es wirklich; und die Zeit, die er gebraucht, um einmal ganz
herumzukommen, nennen wir einen *Mond* oder, wie wir heute
sagen, einen *Monat.*.

Die Bewegung der Sonne am Himmel.

Nachdem wir die Bewegung des Mondes festgestellt haben,
wollen wir die Sonne untersuchen.

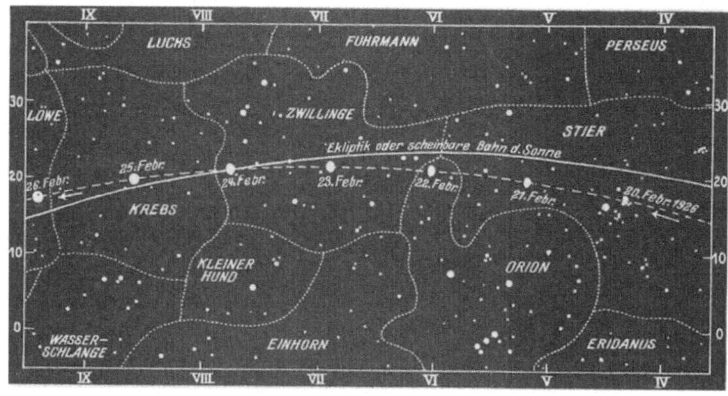

Abb. 15. Der Weg des Mondes am Himmel vom 20. bis 26. Februar 1926.
Während dieser Zeit lief der Mond bei gleichzeitiger Änderung seiner Gestalt
durch die Sternbilder Stier, Zwillinge und Krebs.

Wir möchten wissen, ob die Sonne immer an derselben
Stelle des Himmels stehen bleibt, als ob sie dort angenagelt
wäre.

In diesem Falle stoßen wir auf eine Schwierigkeit: die
Sonne ist nämlich so hell, daß wir die Sterne nicht gleichzeitig mit ihr am Himmel sehen können, und es ist uns deshalb nicht möglich, ihren Ort zwischen den Sternen Tag für
Tag in eine Sternkarte einzutragen. Wir könnten sogar zweifeln, ob überhaupt am Taghimmel Sterne vorhanden sind.

18

Hin und wieder tritt jedoch der Mond genau vor die Sonne
und schirmt ihr Licht ab. Wir nennen das eine totale Sonnenfinsternis. Während dieser Zeit kann man die Sterne in der
Umgebung der Sonne sehen und photographieren. Durch ein
Fernrohr kann man, wenn es genau eingestellt ist, jederzeit
auch am Tage Sterne sehen. Wir sind daher sicher, daß immer und überall am Himmel Sterne vorhanden sind, aber die
Helligkeit der Sonne ist so groß, daß wir nicht feststellen

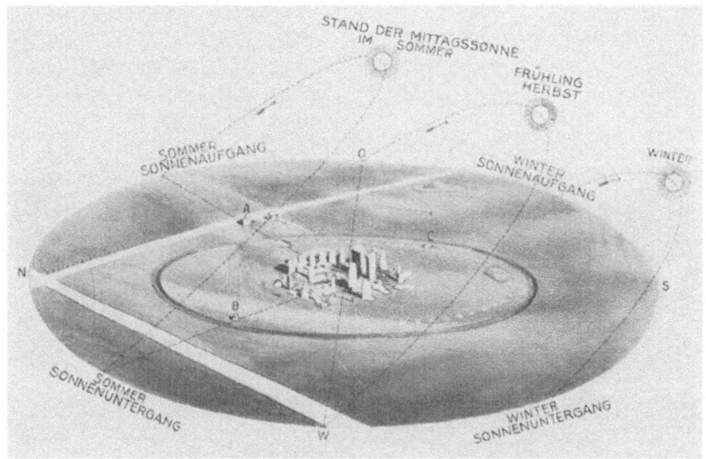

Abb. 16. Stonehenge, ein Bauwerk, an dem man den Wechsel der Sonnenhöhe mit den Jahreszeiten verfolgen kann.

Die Steine sind so aufgestellt, daß sie die Punkte anzeigen, an denen die
Sonne am 21. Juni und am 21. Dezember auf- und untergeht. Die Sonne
steht um die Mittagszeit im Sommer viel höher als im Winter.

können, an welcher Stelle zwischen den Sternen sie sich aufhält.

Nun ist uns bekannt, daß sich die Sonne am Himmel nach
Norden und nach Süden bewegt. Im Winter steht sie viel
weiter südlich als im Sommer. Das zeigt sehr gut Abb. 16.
In der Mitte liegt Stonehenge, wohl das berühmteste der englischen Altertümer. Es liegt in der Heide von Salisbury in
Wiltshire und ist schätzungsweise vor 3600 Jahren erbaut
worden. Es wird vielfach angenommen, daß es zu religiösen

Zeremonien Verwendung gefunden hat. Es sind da viele
Steine, zum Teil von beträchtlicher Größe, in konzentrischen
Kreisen angeordnet. Wenn man auf dem großen flachen Stein
in der Mitte, dem sogenannten Altarstein, steht und zwischen
zwei großen aufrechten Steinen hindurch über die Spitze
eines anderen aufrechten Steins (A in der Abb.) hinweg

Abb. 17. Stonehenge-Besucher erwarten am 21. Juni den Sonnenaufgang.
Am 21. Juni kommen eine große Anzahl Menschen in dem Steinring zusammen,
um die Sonne hinter dem Mönchshacken aufgehen zu sehen.

visiert, sieht man nach dem Punkte des Horizonts im Nord-
osten, wo die Sonne am 21. Juni, dem längsten Tage des
Jahres, aufgeht. Die Abb. 17 (nach einer Photographie gezeichnet) zeigt eine Gesellschaft, die am 21. Juni in dem
Steinring versammelt ist, um die Sonne hinter dem „Mönchs-

hacken" aufgehen zu sehen. Im Nordwesten zeigt ein anderer Stein (*B* in Abb. 16) die Richtung an, in der man die Sonne an demselben Tage untergehen sieht. Wenn man weiter vom Altarstein aus nach einem Steine im Südosten (*C*) blickt, so sieht man nach dem Punkte des Horizonts, wo die Sonne am 21. Dezember, dem kürzesten Tage des Jahres, aufgeht. Es ist nicht unwahrscheinlich, daß die Steine an diese Punkte gesetzt worden sind, um den Ort des Sonnenaufgangs an diesen Tagen anzuzeigen. Auf jeden Fall zeigt das Bild, wieviel höher die Sonne mittags im Sommer steht als im Winter.

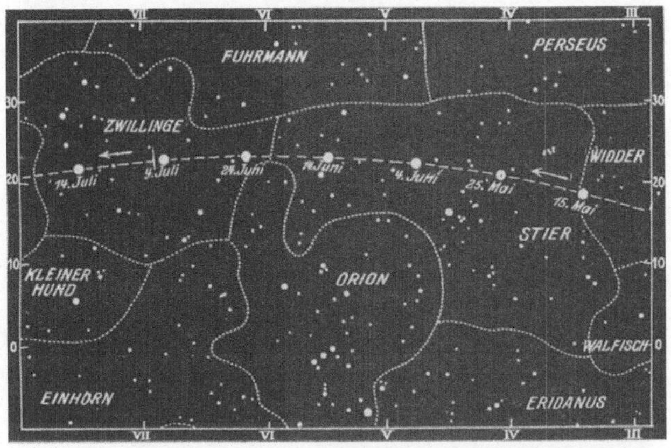

Abb. 18. Weg der Sonne am Himmel vom 15. Mai bis 15. Juli.
Jahr für Jahr durchläuft die Sonne in den Monaten Mai, Juni und Juli denselben Weg in den Sternbildern Stier und Zwillinge. Die scheinbare Bahn der Sonne ist die Ekliptik.

Aber bewegt sich die Sonne auch zwischen den Sternen nach Osten, wie es der Mond tut? Ja; die Astronomen haben eine Methode ausfindig gemacht (die wir hier nicht erklären können), um ihren Ort zwischen den Sternen von Tag zu Tag festzulegen. Der Weg der Sonne unter den Sternen vom 15. Mai bis zum 14. Juli ist in Abb. 18 zu verfolgen. Während dieser beiden Monate läuft sie durch die beiden Sternbilder Stier und Zwillinge, und während dieser Monate können wir natürlich die Sterne in diesen Sternbildern nicht sehen.

Die Bahn der Sonne (die Ekliptik).

Wir wollen den Lauf der Sonne durch die Jahreszeiten verfolgen. Am 21. März befindet sie sich auf dem Himmelsäquator, und Tag und Nacht sind gleich lang. Dann bewegt sie sich nordwärts und immer nach Osten und erreicht jeden Tag eine größere Mittagshöhe bis zum 21. Juni, wo sie am weitesten nördlich vom Himmelsäquator steht und der Tag am längsten ist. Das ist die Sommersonnenwende. Sie bewegt

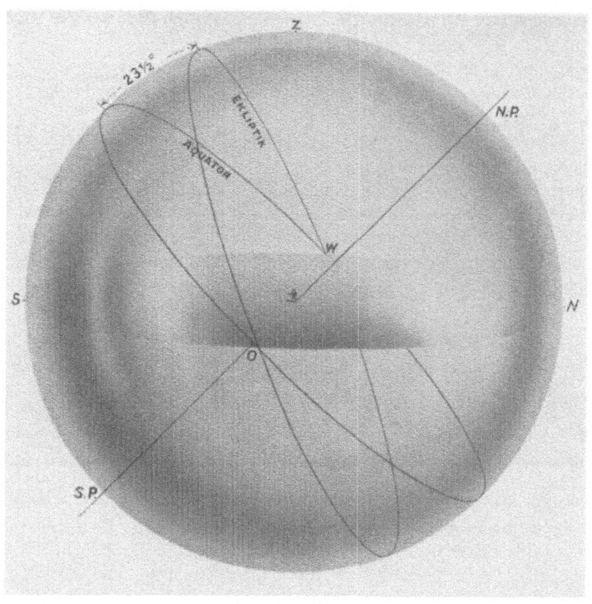

Abb. 19. Die Himmelskugel mit dem Himmelsäquator und der Ekliptik. Der Himmelsäquator liegt in der Mitte zwischen den Himmelspolen, und die Ekliptik, die scheinbare Bahn der Sonne am Himmel, ist um einen Winkel von $23^1/_2°$ dagegen geneigt.

sich nun wieder südwärts, und am 22. September erreicht sie wieder den Äquator. Dann wandert sie weiter nach Süden (und natürlich immerfort nach Osten) bis zum 21. Dezember, wo die Dauer des Tages am kürzesten ist. Das ist die Wintersonnenwende. Hier kehrt sie abermals um und wandert wieder nordwärts, und im Verlauf von weiteren drei Monaten kehrt sie, immer ostwärts wandernd, am 21. März auf den Himmelsäquator zurück. Das ist die Frühlings-Tagundnachtgleiche, Tag und Nacht sind wieder gleich lang.

Die eine Hälfte der Sonnenbahn liegt also nördlich, die andere südlich vom Äquator.

Die Bahn, die die Sonne am Himmel durchläuft, nennt man die Ekliptik, und Jahr für Jahr zieht die Sonne dieselbe Straße. Die Länge des Jahres ist die genaue Zeit, die die Sonne braucht, um die Ekliptik einmal ganz zu durchlaufen. Diese Bahn der Sonne, die Ekliptik, zeigt Abb. 19.

Es wäre eine große Annehmlichkeit, wenn eine gütige Fee zum Himmel hinauffliegen und dort die Sonnenbahn und den Himmelsäquator anzeichnen würde. Das geht leider nicht; und so müssen wir unsere Phantasie zu Hilfe rufen und mit dem geistigen Auge schauen, wie die große Sonne da oben unaufhörlich, Tag für Tag und Jahr für Jahr, auf ihrem vorgeschriebenen Pfade weiterzieht.

Die alten Griechen stellten Phöbos, den Sonnengott, dar, wie er den Sonnenwagen durch die Sterne fährt. Sein Weg war die Ekliptik, und er lenkte seinen Wagen mit großem Geschick, so daß er immer genau auf der Ekliptik blieb, nie nach rechts oder links abwich. Die Sage berichtet, daß sein Sohn Phaeton ihn einmal um die Erlaubnis bat, den Wagen zu fahren, und daß Phöbos nach einigem Zögern auch einwilligte. Der achtlose Jüngling fuhr unvorsichtig, kam vom Wege ab und setzte beinahe die Erde in Brand.

Abb. 20 ist einem alten Buch entnommen, das 1482 in Venedig gedruckt ist. Sie stellt Sol (die Sonne) dar, wie er auf seinem Wagen sitzt und seine feurigen Rosse lenkt.

Wir können uns nun ganz bestimmt ausmalen, wie die mächtige Sonne in ihrer Bahn am Himmelsgewölbe einherzieht.

Der Tierkreis.

Stellen wir uns ein langes Band von 16° Breite vor (das ist zweiunddreißig mal so breit wie die Sonne), das so rund um den Himmel herumgelegt ist, daß die Ekliptik immer genau in seiner Mitte liegt. Das nennt man den Tierkreis. Der Mond und die Planeten sind immer in diesem Gürtel des Himmels zu finden. Von den ältesten Zeiten her hat man den Tierkreis in zwölf gleiche Teile von 30° Länge und 16° Breite eingeteilt. Man nennt diese Abschnitte die Tierkreiszeichen. Ihre Namen und die Zeichen, durch die man sie darstellt, sind: Aries (Widder, ♈), Taurus (Stier, ♉), Gemini (Zwillinge, ♊), Cancer (Krebs, ♋), Leo (Löwe, ♌), Virgo (Jungfrau, ♍), Libra

Abb. 20. Sol (die Sonne) mit seinem Gespann.

Diese Abbildung Sols in seinem von vier feurigen Rossen gezogenen Wagen ist einem Buche entnommen, das 1482 von einem berühmten Buchdrucker namens Ratdolt in Venedig gedruckt worden ist. Es war eins der ersten Bücher, die mit Holzschnitten illustriert waren. Darunter sind auch die ersten bekannten Darstellungen der Sternbilder. Das Buch heißt „Poeticon Astronomicon" (Astronomie in Versen), und sein Verfasser ist Hyginus, Bibliothekar des römischen Kaisers Augustus (63 v. Chr. bis 14 n. Chr.). Es ist in griechischer Sprache geschrieben.

(Wage, ♎), Scorpio (Skorpion, ♏), Sagittarius (Bogenschütze, ♐), Capricornus (Steinbock, ♑), Aquarius (Wassermann, ♒), Pisces (Fische, ♓).

Nach den Sternkarten Abb. 103, 105, 107 und 109 kann man sich die Sternbilder, die in der Ekliptik liegen, einprägen,

24

und damit ist man imstande, die Lage der Ekliptik am Himmel festzulegen, sobald die Sterne sichtbar sind.

Wir dürfen dabei nicht vergessen, daß die jährliche Bewegung der Sonne um die Ekliptik etwas ganz anderes ist als ihre scheinbare tägliche Bewegung, durch die sie im Osten auf- und im Westen unterzugehen scheint und uns Tag und Nacht beschert.

Die Bewegung der Sonne ist scheinbar, nicht wirklich.

Wandert nun aber die Sonne wirklich im Laufe eines Jahres um den Himmel herum? Nein! Auch das ist eine Täuschung! In Wirklichkeit läuft die Erde um die Sonne, obwohl es uns so scheint, als ob die Sonne um die Erde läuft.

In Abb. 21 können wir sehen, wie das zustande kommt. Die Erde bewegt sich in einer ovalen oder vielmehr elliptischen Bahn um die Sonne, wie es die Ellipse in der Abbildung zeigt. Wenn die Erde am 1. Januar bei A steht, scheint die Sonne in der Ekliptik bei a zu stehen, zwischen den Sternen des Skorpions. Infolgedessen sind die Sterne im Skorpion und anderen Sternbildern in demselben Teile des Himmels (wie Krone und Herkules) zu dieser Zeit nicht sichtbar; aber wenn uns in dieser Jahreszeit die Erde durch Drehung um ihre Achse Nacht gebracht hat, sehen wir auf den Teil des Himmels, der der Sonne gegenüberliegt, und sehen dort Stier, Orion, Perseus und andere Wintersternbilder.

Drei Monate später, am 1. April, steht die Erde bei B, und die Sonne ist scheinbar bei b. Infolgedessen sind Schwan, Pegasus, Adler unsichtbar, da sie in derselben Gegend des Himmels stehen wie die Sonne; aber wir können den Löwen, den Großen Bären und andere Sternbilder sehen, die auf der entgegengesetzten Seite des Himmels stehen. Am 1. Juli ist die Erde bei C und die Sonne scheinbar bei c; am 1. Oktober ist die Erde bei D und die Sonne scheinbar bei d; und am 1. Januar ist die Erde nach A zurückgekehrt, und die Sonne steht wieder scheinbar bei a.

Während sich also in Wirklichkeit die Erde in einer kleinen ovalen Bahn um die Sonne bewegt, scheint die Sonne einen großen Kreis am Himmel zu beschreiben — die Ekliptik.

Die Sterne wechseln mit den Jahreszeiten.

Abb. 21 zeigt, warum wir in den verschiedenen Jahreszeiten verschiedene Sterne sehen; da aber ein volles Verständnis dieser Erscheinung sehr wünschenswert ist, wollen wir sie etwas ausführlicher betrachten.

Abb. 21. Wahre Erdbahn und scheinbare Sonnenbahn.

In Wirklichkeit bewegt sich die Erde in einer elliptischen Bahn um die Sonne; die Sonne steht nicht im Mittelpunkt, sondern in einem Brennpunkt der Ellipse. Für einen Erdbewohner, der nicht merkt, daß die Erde sich bewegt, scheint aber die Sonne in einem großen Kreise, den wir die Ekliptik nennen, um den Himmel zu laufen.

Der Himmel sieht nachts wie eine große, dunkle, kugelige Schale aus, auf deren Innenseite die Sterne sitzen. In Abb. 22 wird versucht, zu zeigen, wie eine solche Kugelschale aussieht, wenn man sie von außen betrachtet. Die Sterne sind über die ganze Kugelfläche verteilt, helle und schwache durcheinander.

In der Mitte steht die Sonne. Um sie herum bewegt sich die Erde, und ihre Achse behält dabei immer dieselbe Richtung. Wenn die Erde sich in der Stellung *a* befindet, hat ihre

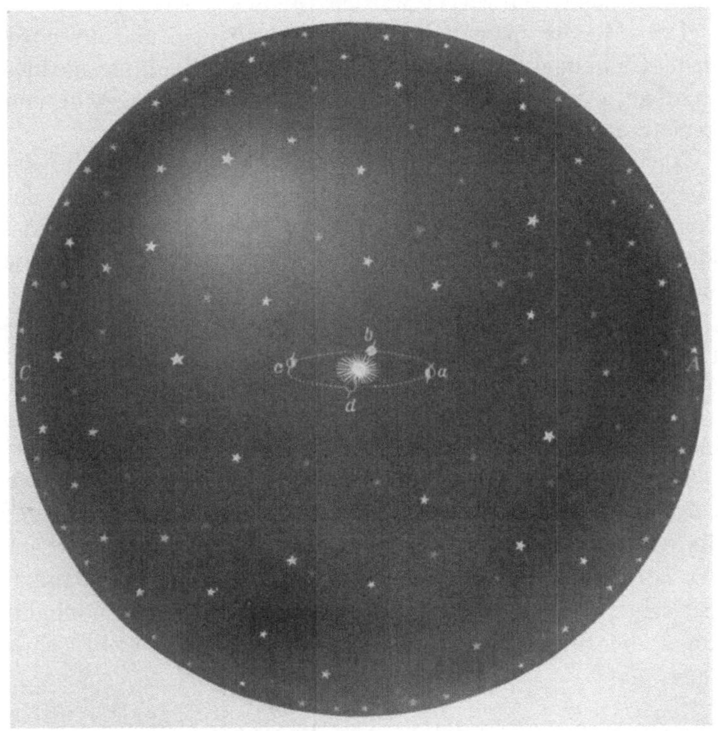

Abb. 22. Sterne und Jahreszeiten.

Die Sterne scheinen auf der Innenfläche einer großen dunklen Kugel zu sitzen. Die Abbildung soll eine solche durchsichtige Kugel, von außen gesehen, vorstellen. In der Mitte befindet sich die Sonne, die Erde bewegt sich um sie herum.

Nordhalbkugel Winter, da die Sonnenstrahlen den Nordpol nicht erreichen, aber über den Südpol hinausgehen.

Nun wollen wir uns darauf besinnen, daß wir uns auf der Erde befinden, und zwar, wie wir annehmen wollen, auf der

Nordhalbkugel. Am Tage sehen wir natürlich die Sonne am Himmel. Dann kommt — infolge der Drehung der Erde um ihre Achse — die Nacht, und was für Sterne werden wir nun sehen, wenn wir um uns blicken? Sicher doch den Teil des Himmels, der in der Abb. mit A bezeichnet ist. Die Sonne wird uns in der durch C bezeichneten Gegend erscheinen, und die dort stehenden Sterne werden für uns unsichtbar sein.

Drei Monate später wird die Erde in b sein, und die nördliche Halbkugel hat Frühling. Die in den Frühlingsnächten sichtbaren Sterne sind die auf der hinteren, der Sonne entgegengesetzten Seite der Kugelschale.

Nach weiteren drei Monaten ist die Erde in c, und auf der nördlichen Halbkugel ist der Sommer eingezogen. In den Sommernächten werden wir auf die Sterne im Teile C des Himmels sehen, während die um A herum unsichtbar sind, da sie in der Richtung der Sonne liegen.

Nochmals drei Monate später, im Herbst, sind die Teile des Himmels sichtbar, die dem von außen Zuschauenden (in der Abbildung) am nächsten liegen.

So wechseln die Sterne mit den Jahreszeiten, bleiben aber in jeder Jahreszeit Jahr für Jahr die gleichen.

Betrachten wir nun die Sterne im oberen Teil des Bildes, nach dem die Achse der Erde zeigt — mit anderen Worten: die Sterne am nördlichen Himmelspol. Ein Beobachter auf der nördlichen Halbkugel wird diese Sterne in jeder Jahreszeit sehen können, während ein Beobachter auf der Südhalbkugel die Sterne am Südpol des Himmels jederzeit sehen kann.

Ein Blick ins Weltall.

Wir sind also zweimal einer Täuschung verfallen, und daraus sollten wir die Lehre ziehen, daß nicht alles so ist, wie wir es sehen.

Warum konnten wir uns täuschen?

Weil die Erde sich so sanft bewegt, so ganz ohne Rütteln und Rattern, wenn sie sich um ihre Achse dreht und gleichzeitig ihren Weg um die Sonne zurücklegt, daß wir überhaupt nicht merken, daß wir uns bewegen.

Abb. 23. Unsere Welt aus der Vogelschau gesehen.

Die kleinen Himmelsreisenden sind ein großes Stück auf den Polarstern zu
gewandert und betrachten nun die Welt. Sie sehen unsere leuchtende Sonne
und die Familie der sie umkreisenden Planeten. Sie sehen auch zwei Kometen,
die aus dem Weltraum gekommen sind, um die Sonne zu besuchen. Die Sternbilder sehen sie aber genau so, wie sie sie von der Erde aus gesehen haben.

Wenn wir nur weit genug in den Raum hinein reisen könnten, ganz fort von der Erde und der Sonne, dann könnten wir

die Dinge so sehen, wie sie wirklich sind. Wir blickten dann aus der Vogelschau oder wie aus dem Flugzeug auf unsere Welt. Abb. 23 zeigt, was wir sehen würden. Da sind zwei kleine Himmelsreisende, die hoch in den Weltraum hinaufgebracht worden sind, ein großes Stück Weges auf den Polarstern zu — vielleicht einige Milliarden Kilometer — und nun unsere herrliche Welt von dort aus betrachten können.

Und was sehen sie da?

Tief unter sich, in der Richtung, aus der sie gekommen sind, sehen sie das Sonnensystem. Da ist die Sonne, immer noch sehr hell, obwohl sie so weit von ihr entfernt sind. Dann, nach längerem Bestaunen, sehen sie eine Anzahl von Körpern, die sich um die Sonne bewegen. Das sind die Planeten. Die Reisenden bemerken, daß sie wie sichel-, halbkreis- oder kreisförmige Scheiben aussehen, und sie fragen sich, warum das so ist. Sie kommen bald zu dem Schluß, daß die Planeten Kugeln sein müssen, daß sie von sich aus dunkle Körper sind, und daß nur die Halbkugel, die der Sonne zugekehrt ist, beleuchtet und auf diese Weise sichtbar gemacht wird.

Die Reisenden beobachten die Planeten genau; sie versuchen zu zählen, wie viele es gibt, und festzustellen, wie schnell sie sich bewegen.

Am nächsten bei der Sonne ist Merkur. Er ist der kleinste von allen und eilt mit größter Geschwindigkeit dahin. Der nächste ist Venus; sie ist viel größer als Merkur, bewegt sich aber langsamer. Der hiernach nächste Planet, die Erde, hat ungefähr dieselbe Größe wie Venus und läuft noch langsamer. Unsere Reisenden bemerken auch, daß die Erde von einem dunklen Körper begleitet ist, der immerfort um sie herum läuft. Das ist unser Mond. Der vierte Planet ist Mars. Er hat nur einen halb so großen Durchmesser wie die Erde und ist von zwei winzigen Monden begleitet.

Dann kommt eine weite Lücke und danach als fünfter Planet Jupiter, bei weitem der größte von allen. Er hat vier große Monde und mehrere kleine, die sie kaum sehen können. Das sechste Mitglied der Familie ist Saturn. Er ist auch sehr groß, wenn auch viel kleiner als Jupiter. Er hat einen wundervollen Satz von Ringen und eine ganze Gesellschaft von

Monden. Nach ihm kommt das siebente Mitglied namens
Uranus mit vier Monden; und dann folgt als achter Planet
Neptun, der auf seiner fernen Bahn mit seinem Mond dahin-
zieht wie ein einsames Schaf mit seinem Lamm. Noch etwas
weiter draußen ist vielleicht noch — als neunter Planet —
Pluto zu finden, der nur schwach leuchtet, weil er so klein ist
wie Mars und dort draußen nur wenig Sonnenlicht auffangen
kann. Die Planeten, die weit von der Sonne entfernt sind, bewegen sich langsamer in ihren Bahnen als die, die der Sonne
näher sind.

Die Reisenden sehen auch zwei Kometen, die aus der Ferne
gekommen sind, um die Sonne zu besuchen. Sie kommen
näher, laufen um die Sonne herum und ziehen wieder von
dannen, um voraussichtlich niemals wiederzukommen.

Was könnte wohl ergreifender sein als der Anblick dieser
großen Familie von Planeten, die majestätisch in ihren Bahnen dahinwandeln, begleitet von ihren Monden, die sie ständig
umkreisen, als wollten sie sie gegen jede am Wege lauernde
Gefahr schützen?

Die beiden Reisenden wenden den Blick von der Planeten-
familie ab und mustern die anderen Objekte am Himmel. Aus
allen Richtungen sehen sie die Sterne völlig regungslos ihr
Licht senden, wie große Laternen, die in den Tiefen des
Raumes aufgestellt sind. Zu ihrer großen Verwunderung er-
kennen sie dieselben Sternbilder wieder, mit denen sie auf der
Erde vertraut waren, und schließen daraus, daß sich die
Sterne in ungeheuren Entfernungen befinden müssen.

Dort hinten steht Orion mit seinem wundervollen Gürtel,
da Sirius, der Stier, die Milchstraße und all das andere! Eine
herrliche Welt!

Zweiter Teil.

Die Sonne und ihr System.

Drittes Kapitel.

Das Planetensystem — Die Erde.

Ein Blick auf das Planetensystem.

Wir wollen einiges von dem, was wir gesehen haben, genauer betrachten, um etwas mehr darüber zu erfahren.

Zu allererst wollen wir die Bahnen der Planeten ihrer Größe nach miteinander vergleichen (Abb. 24). Man beachte, daß vier ganz dicht bei der Sonne liegen. Das sind die Bahnen von Merkur, Venus, Erde, Mars. Dann kommt ein weiter Zwischenraum und jenseits davon die Bahnen von Jupiter, Saturn, Uranus, Neptun und Pluto. Wir können deshalb die Planeten in zwei Gruppen teilen: die sonnennahen und die sonnenfernen.

In dem großen Zwischenraum zwischen den Bahnen von Mars und Jupiter findet man kleine Körper, die als Kleine Planeten (auch Planetoiden oder Asteroiden) bezeichnet werden. Man hat ihrer eine sehr große Zahl entdeckt, aber die meisten sind nur mit großen Fernrohren zu sehen.

Wir wollen uns jede Gruppe für sich ansehen. Abb. 25 enthält die Bahnen der vier inneren Planeten. Ihre Abstände von der Sonne sind in runden Zahlen: 58, 108, 150 und 228 Millionen Kilometer. Vielleicht gelingt es uns, diese Zahlen zu behalten. Die Punkte zeigen den Ort der Planeten in ihren Bahnen für jeden zehnten Tag. Außerdem ist bei allen Planeten die Stellung am 1. Januar 1927 eingetragen.

In Abb. 26 haben wir die Bahnen der vier großen äußeren
Planeten vor uns. Ihre Entfernungen von der Sonne betragen
rund 778, 1426, 2870 und 4500 Millionen Kilometer. Bei
Jupiter und Saturn geben die Punkte die Örter der Planeten

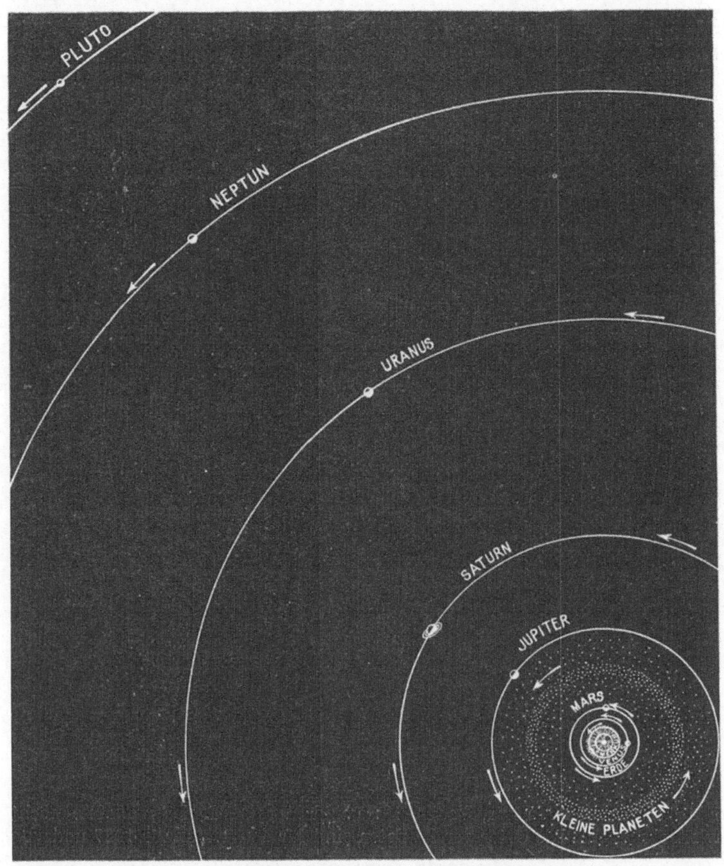

Abb. 24. Relative Größe der Planetenbahnen.

Die Bahnen sind maßstäblich gezeichnet. Man sieht, daß Merkur, Venus,
Erde und Mars ganz dicht bei der Sonne umlaufen. Dann folgt die weite
Zone der kleinen Planeten, und noch weiter draußen liegen die gewaltigen
Bahnen der Riesenplaneten Jupiter, Saturn, Uranus und Neptun und des
kleinen Außenseiters Pluto. Alle Planeten durchlaufen ihre Bahnen in der-
selben Richtung.

                                                33

in Abständen von einem Jahr an, während bei Uranus und
Neptun zwischen je zwei Punkten ein Zeitraum von zehn Jahren liegt. Wie man sieht, brauchen diese äußeren Planeten
viele Jahre, um ihre Umläufe um die Sonne zu vollenden.
Wir können sogar aus der Abb. entnehmen, wie lange jeder
Planet braucht, um seine Bahn ganz zu durchlaufen: Jupiter 12, Saturn 29, Uranus 84, Neptun 165 Jahre.

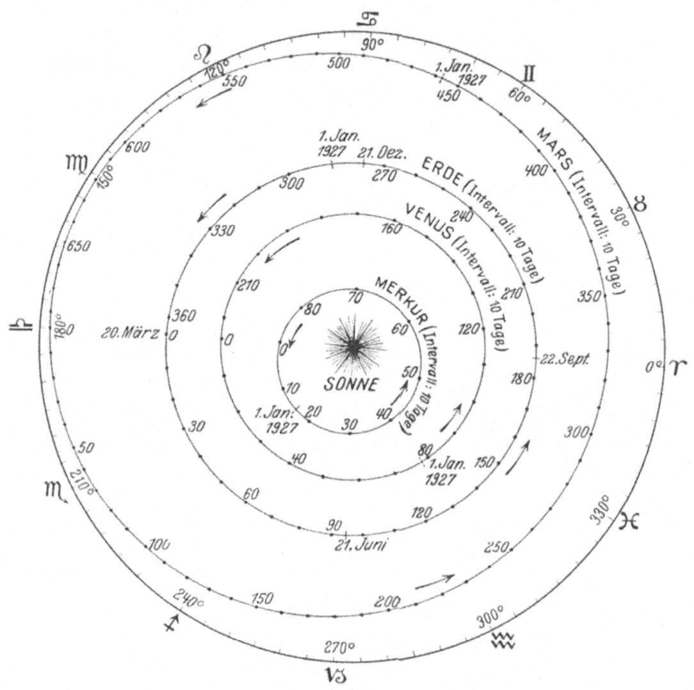

Abb. 25. Die Bahnen der inneren Planeten.
Die Bahnen von Merkur, Venus, Erde und Mars sind hier maßstabgerecht
wiedergegeben. Die Örter der Planeten sind für den 1. Januar 1927 und von
10 zu 10 Tagen angegeben.

In der Abb. 27 ist die sonderbare Bahn des äußersten Planeten Pluto dargestellt, der in einem Abschnitt seiner Bahn
der Sonne näher ist als Neptun. Die Bahn ist so eingezeichnet, als wenn sie in derselben Ebene läge wie die Bahnen der
anderen Planeten. In Wirklichkeit ist sie um einen Winkel

von 17° dagegen gekippt; der ausgezogene Teil der Bahn liegt darüber, der gestrichelte Teil darunter: Neptun und Pluto treffen sich also niemals!

In den Abb. 25, 26 und 27 sehen alle Bahnen kreisrund aus, die wirklichen Planetenbahnen sind aber Ellipsen. Wir

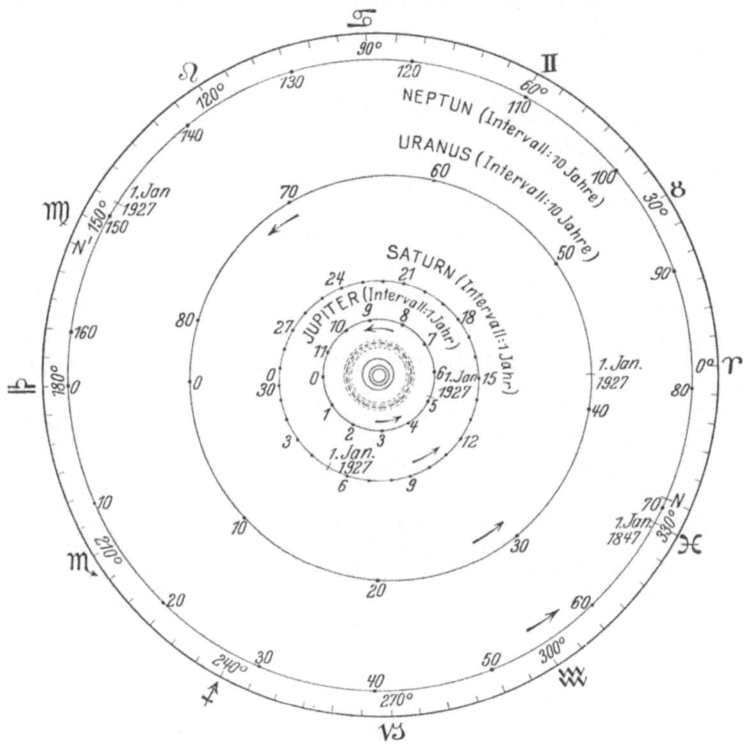

Abb. 26. Die Bahnen der äußeren Planeten.

Die Bahnen sind ebenfalls im richtigen Verhältnis zueinander wiedergegeben, aber in einem anderen Maßstab als die Bahnen der inneren Planeten in Abb. 25, die hier als kleine Kreise in der Mitte erscheinen. Die Planetenörter sind für den 1. Januar 1927 und in Abständen von 1 Jahr oder von 10 Jahren gegeben.

wissen ja, wie man eine Ellipse zeichnet (Abb. 28). Man steckt zwei Stecknadeln in ein Brett und legt eine Bindfadenschlinge darum. Dann steckt man einen Bleistift in die Schlinge und bewegt ihn, immer die Schlinge straff haltend, über das

Papier. Die beiden Punkte, in denen die Stecknadeln stehen, heißen die Brennpunkte der Ellipse, und wenn die beiden Nadeln dicht beieinander sind, wird die Ellipse nahezu ein Kreis.

Die Planetenbahnen sind fast alle beinahe kreisförmig, bei den kleinen Planeten kommen aber einige sehr gestreckte Ellipsen vor (Abb. 92).

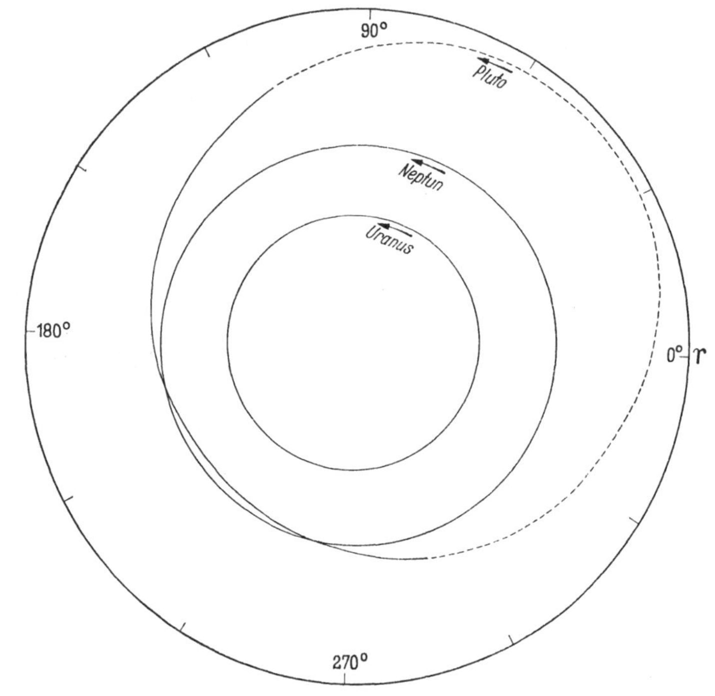

Abb. 27. Die Bahn des äußersten Planeten Pluto.
Die Bahnen von Neptun und Pluto schneiden sich in Wirklichkeit nicht, da die Plutobahn auf diesem Abschnitt *über* der Neptunbahn liegt.

Die Bahnen der Planeten haben noch eine bemerkenswerte Eigenschaft. Sie liegen größtenteils sehr nahe in derselben Ebene (Abb. 29). Weiter: die Planeten durchlaufen ihre Bahnen alle in derselben Richtung. Das hat sicher einen Grund.

Abb. 30 zeigt die Größen der Sonne und der Planeten im

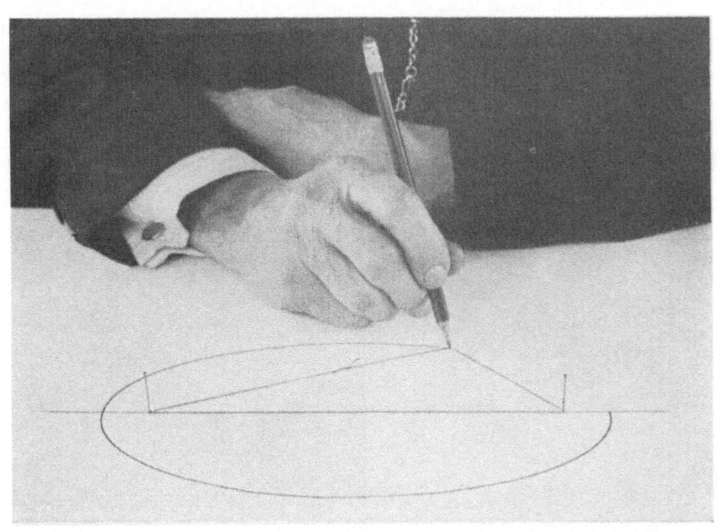

Abb. 28. Wie man eine Ellipse zeichnet.

Wenn der Faden straff gehalten wird, beschreibt der Bleistift eine Ellipse.
Die beiden Stifte befinden sich in den Brennpunkten der Ellipse.

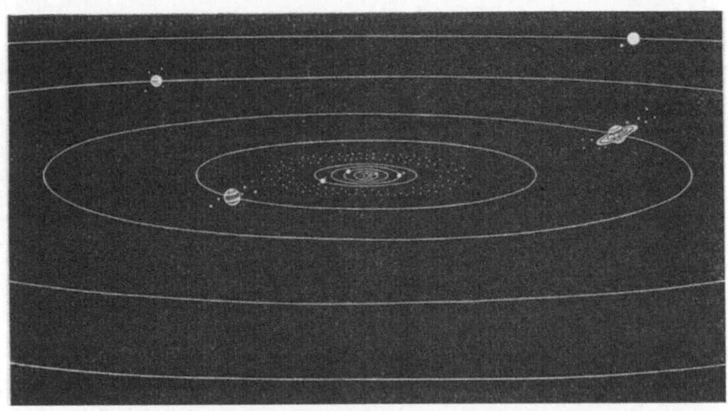

Abb. 29. Die Bahnen der Planeten liegen in einer Ebene.

Das Bild zeigt in perspektivischer Ansicht, wie sich die Planeten in nahezu
derselben Ebene um die Sonne bewegen.

Verhältnis zueinander. Wie man sieht, sind die vier inneren
Planeten — Merkur, Venus, Erde, Mars (unten in der Abbildung) — klein, während die „normalen" äußeren Planeten

37

— Jupiter, Saturn, Uranus, Neptun (oben) — groß sind. Und
die Sonne ist viele Male so groß wie alle Planeten zusammen.

Abb. 31 zeigt die relativen Massen oder Gewichte dieser
Körper. Das große Eisengewicht bedeutet die Sonne, und die
kleineren darunter stellen die Planeten dar. Wieder sind die

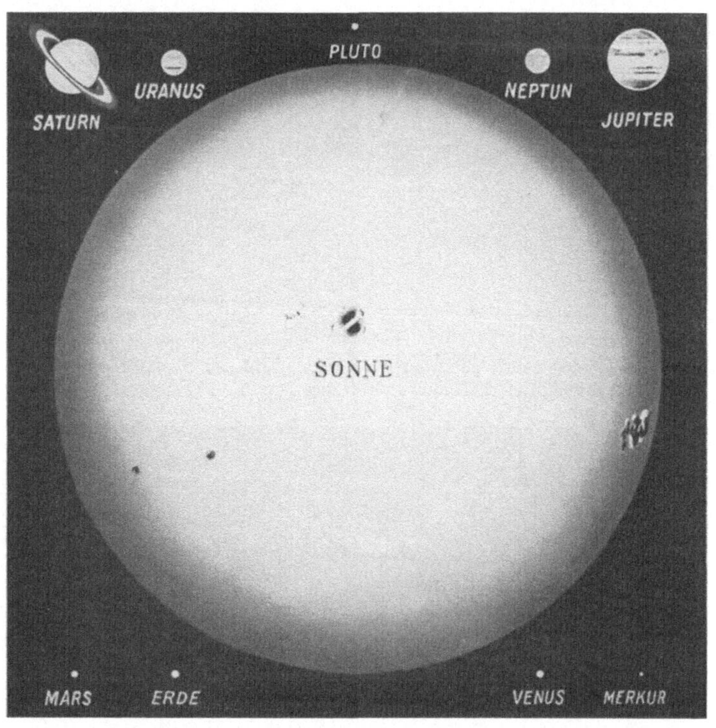

Abb. 30. Relative Größe der Sonne und der Planeten.
Die inneren Planeten (am unteren Rande) sind verhältnismäßig klein. Die
äußeren Planeten (oben) sind viel größer. Die Sonne ist viele Male größer
als alle Planeten zusammen.

Massen der inneren Planeten klein und die der äußeren viel
größer; aber die Sonne ist so massig, daß, wenn man sie auf-
teilen könnte, 746 Sätze Planeten daraus gemacht werden
könnten.

38

Nachdem wir uns bemüht haben, einen klaren Überblick über die Planetenfamilie im ganzen zu bekommen, wollen wir nun versuchen, mit den einzelnen Mitgliedern besser bekannt zu werden. Wir werden mit dem Planeten beginnen, auf dem wir leben.

Die Erde.

Die Erde ist eine große Kugel mit einem Durchmesser von beinahe 13 000 km. Vor fünfhundert Jahren glaubte man allgemein, daß sie flach sei, und auch heute stoßen wir

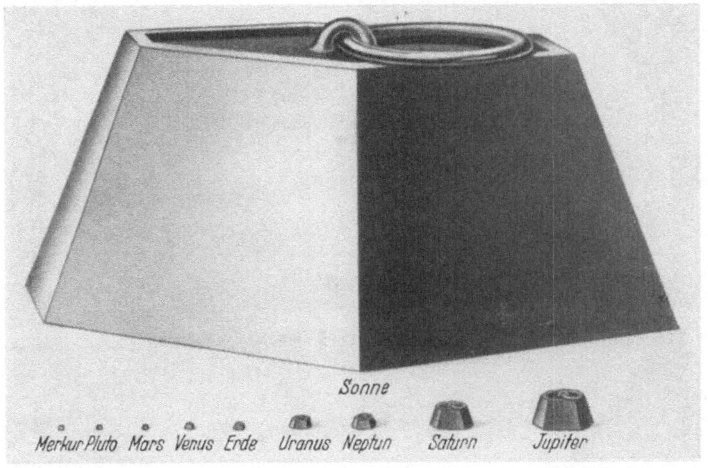

Abb. 31. Relative Masse der Sonne und der Planeten.
Das große Eisengewicht stellt die Sonne vor, die kleinen Gewichte sind die Planeten. Die Sonne enthält so viel Stoff, daß man 746 solche Planetensätze daraus machen könnte.

noch gelegentlich auf Leute, die das behaupten. Es gibt jedoch viele Beobachtungen, die uns veranlassen, zu glauben, daß sie rund ist.

Wenn man am Meeresufer steht und nach einem Segelschiffe ausschaut, das sich dem Hafen nähert, so sieht man zu allererst die Spitze des Hauptmastes. Wenn es sich um einen Dampfer handelt, sieht man zuerst den Rauch der Schorn-

steine. Dann werden die Segel oder die Schornsteine sichtbar
und endlich der Rumpf des Schiffes (Abb. 32). Gerade das
haben wir aber zu erwarten, wenn die Erde rund ist. Wäre
die Erde flach, so würden wir zuerst den großen Schiffsrumpf erkennen.

Und nun das: Man kann für 4000 Mark oder mehr eine

Abb. 32. In den Hafen einlaufendes Schiff.
Wenn sich ein großes Schiff nähert, sehen wir zuerst die Mastspitzen, dann
die Segel und zuletzt den Schiffsrumpf. Wenn das Wasser eine ebene Fläche
wäre, würden wir den Rumpf zuerst sehen.

Fahrkarte kaufen, mit der man rund um die Erde fahren
kann. Solche Weltreisen werden regelmäßig angezeigt. Auf
der Karte (Abb. 33) ist ein Reiseweg angegeben, der häufig
eingeschlagen wird. Deutsche Touristen beginnen die Reise im

40

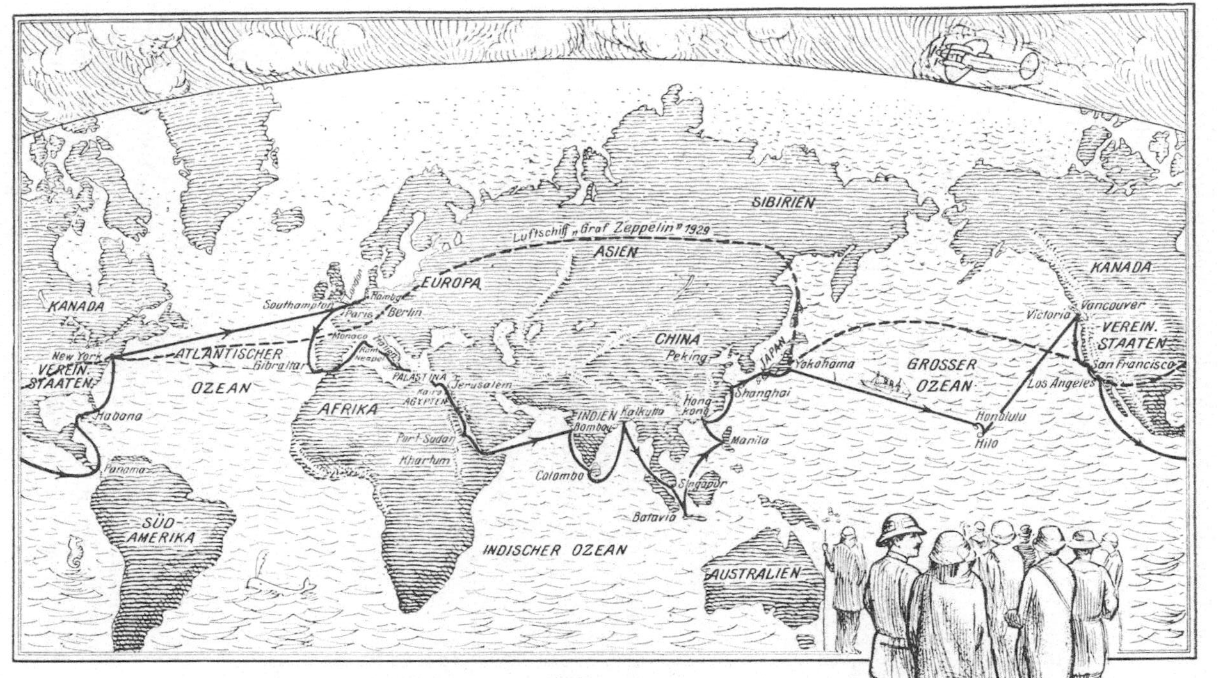

Abb. 33. Eine Reise um die Welt.

Die ausgezogene Linie bezeichnet einen häufig eingeschlagenen Reiseweg. Die gestrichelte Linie gibt den Weg des Luftschiffes „Graf Zeppelin" bei seiner Weltreise im Jahre 1929 an.

41

allgemeinen in Hamburg oder Bremerhaven. Der Weg führt dann durch den Kanal, die Biscaya-See und die Straße von Gibraltar in das Mittelmeer, dann weiter durch den Suez-Kanal, das Rote Meer und den Indischen Ozean nach Ostindien und hinauf nach Japan, dann über den Stillen Ozean nach San Francisco, schließlich durch den Panama-Kanal nach New York und von dort über den Atlantischen Ozean zurück nach Deutschland. Solch eine Vergnügungsreise dauert im allgemeinen vier Monate. Durch die Benutzung von Eisenbahnen und Flugzeugen kann aber die Reisedauer sehr abgekürzt werden. Das Luftschiff „Graf Zeppelin" hat seine Reise um die Erde im Jahre 1929 (auf einem etwas kürzeren Wege) in 21 Tagen vollendet, und im Flugzeug ist diese Reise schon in 7 Tagen bewältigt worden.

Der Polarstern steigt höher, wenn man nach Norden geht.

Wer einmal eine Reise aus dem Süden nach dem nördlichen Teile Deutschlands gemacht und dort auf den Polarstern geachtet hat, der wird bemerkt haben, daß er dort höher steht als in seiner Heimat. Wenn einer so glücklich ist, an die Riviera reisen zu können, so wird er finden, daß der Polarstern dort tiefer am Himmel steht.

Wir finden immer, wenn wir um 111 km weiter nach Norden reisen, zu Wasser oder zu Lande, daß der Polarstern um einen Grad höher am Himmel emporsteigt, und wenn wir den Nordpol erreichen könnten, so würde er über unseren Köpfen stehen.

Ebenso sinkt der Polarstern jedesmal um einen Grad am Himmel herab, wenn wir 111 km nach Süden reisen, und wenn wir an den Äquator kommen, steht er im Horizont und ist gerade noch oder eben nicht mehr sichtbar.

Die Erde muß also wirklich eine Kugel sein, sonst würde sich der Polarstern nicht so verhalten. Wir können uns keine andere Gestalt der Erde vorstellen, bei der der Polarstern seine Höhe so ändern würde, wie er es tatsächlich tut. Die Astronomen haben nun die Erde so genau ausgemessen, daß

sie sagen können, daß sie doch keine vollkommen runde
Kugel ist, daß sie vielmehr an den Polen etwas abgeplattet
ist, so daß der Durchmesser von Pol zu Pol ungefähr 44
Kilometer kürzer ist als ein Äquatordurchmesser.

Es gibt noch andere Gründe für die Annahme, daß die
Erde rund ist. Der Astronom kann z. B. alle Umstände einer
Sonnenfinsternis Tausende von Jahren im voraus berechnen.
Er kann uns sagen, wann die Finsternis beginnen und wann
sie enden wird, und in welche Gegend der Erde wir gehen
müssen, um sie zu sehen. Er macht das auf Grund der An-
nahme, daß die Erde Kugelgestalt hat. Wäre das nicht der
Fall, so würden seine Berechnungen nicht stimmen.

Es wird also niemand, der die Sache ernsthaft überlegt,
an der Kugelgestalt der Erde zweifeln.

Gründe für die Überzeugung, daß die Erde sich um ihre
Achse dreht, haben wir schon angeführt (S. 16), so daß wir
jetzt nicht dabei zu verweilen brauchen.

Viertes Kapitel.

Die Sonne und der Mond.

Die Entfernung der Sonne von der Erde.

Nun wollen wir kurz unsere prächtige Sonne betrachten.

Es gibt keinen anderen Körper am Himmel, der sich an
Bedeutung für uns mit der Sonne vergleichen ließe. Wir
könnten ohne den Mond und ohne die Sterne leben, aber ohne
Sonnenlicht und Sonnenwärme könnten wir nicht lange exi-
stieren.

Wie weit ist die Sonne entfernt?

Der Leser wird natürlich wissen wollen, wie die Entfernung
von der Erde zur Sonne gemessen wird. Man macht es ähnlich wie ein Landmesser oder ein Forschungsreisender, der
die Entfernung eines unzugänglichen Gegenstandes bestimmt.

Stellen wir uns vor, wir stehen auf der einen Seite eines
Flusses und wollen die Entfernung von uns bis zu einem

Baum auf dem anderen Ufer bestimmen (Abb. 34). Wir können das mit einiger Genauigkeit ausführen, ohne ein anderes Meßinstrument als einen Maßstab zu benutzen. Wir können folgendermaßen verfahren:

Wir besorgen uns ein Knäuel starken Bindfaden und messen 10 m davon ab. Bei A schlagen wir einen kleinen Pfahl in den Boden und bei B, 10 m von A entfernt, einen zweiten Pfahl. In den Kopf jedes Pfahls schlagen wir einen Nagel, so daß die beiden Nägel genau 10 m voneinander entfernt

Abb. 34. Wie man über einen Fluß hinweg die Entfernung bestimmt.
Auf die in der Abbildung veranschaulichte Art kann man die Entfernung eines Punktes finden, der am anderen Ufer eines Flusses liegt. Man braucht dazu kein weiteres Meßinstrument als eine Meßschnur.

sind, und ziehen den Bindfaden von einem Nagel zum anderen. Das ist unsere *Basis-Linie*.

Während wir nun von A nach dem Baum C sehen, lassen wir durch einen Helfer bei D einen Pfahl und auch in dessen Kopf einen Nagel schlagen, so, daß A, D und C in einer geraden Linie liegen. Ebenso lassen wir, während wir von B visieren, in E einen Pfahl so einschlagen, daß B, E und C ebenfalls in einer Linie liegen.

44

Wir verbinden die Nägel in *A* und *D* und ebenso die in *B* und *E* durch straff angezogene Bindfäden. Wenn wir diese Bindfäden verlängern würden, würden sie sich bei *C* schneiden und mit der Basis zusammen das große Dreieck *CAB* bilden.

Wir kennen die Länge der Basis *AB* und wollen die Länge der Seiten *AC* und *BC* finden.

Zunächst halten wir einen Bogen Papier unter die beiden Bindfäden bei *A* und ziehen darauf Linien genau unter den Bindfäden. Dasselbe machen wir bei *B*. Die so gezogenen Linien geben uns die Winkel bei *A* und bei *B*, also die Winkel an der Basis des Dreiecks *CAB*.

Unsere nächste Aufgabe ist, auf einem Blatt Papier mit großer Sorgfalt ein Dreieck zu zeichnen, das genau dieselbe Gestalt hat wie das Dreieck *CAB*.

Wir ziehen zunächst die Linie *MN*, die der Basis *AB* entsprechen soll (Abb. 35), und machen sie genau 10 cm lang. Dann machen wir den Winkel *NMO* so groß wie den Winkel *BAC* und den Winkel *MNO* gleich dem Winkel *ABC*. Das muß sehr sorgfältig gemacht werden.

Das so entstandene kleine Dreieck *OMN* hat dieselbe Gestalt wie das große Dreieck *CAB*; *MO* entspricht *AC*, und *NO* entspricht *BC*.

Wir messen nun sorgfältig *MO* und *NO*. Sie mögen 32 und 31 cm lang sein.

Da nun *AB* 10 m, also 100mal so lang ist wie *MN*, muß auch *AC* 100mal so lang sein wie *MO*, also 32 m. Ebenso folgt, daß *BC* 31 m lang ist.

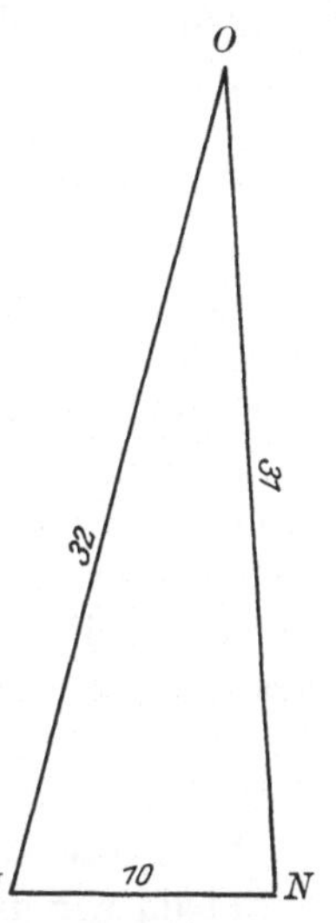

Abb. 35. Wie man die Entfernung des unerreichbaren Punktes berechnet. Das Dreieck hat dieselbe Gestalt wie das in der Abb. 34, und wenn wir die Länge von *AB* kennen, können wir die Länge der beiden anderen Seiten berechnen.

Der Landmesser benutzt natürlich Instrumente, mit denen er die Längen und Winkel genau messen kann. Er wählt die Basislinie so lang wie irgend möglich und kommt im allgemeinen zu sehr genauen Resultaten — der Fehler ist häufig nicht größer als 1 cm auf 10 km.

Nun ist der Astronom der Mann, der die himmlischen Entfernungen mißt. Aber wenn er versucht, diese Methode auf die Messung der Sonnenentfernung anzuwenden, stößt er auf sehr große Schwierigkeiten, weil er seine Basis auf der Erde wählen muß, die sehr klein ist im Vergleich mit der Entfernung der Sonne. Aber durch die Verwendung sehr feiner Instrumente, außerordentliche Sorgfalt und oftmalige Wiederholung der Messungen ist es schließlich gelungen, festzustellen, wie weit die Sonne von der Erde entfernt ist.

Die Entfernung beträgt 149 500 000, also rund 150 Millionen km.

Es ist schwer, sich eine Vorstellung von dieser ungeheuren Entfernung zu machen. Wenn man eine Eisenbahn von der Erde zur Sonne bauen könnte, so würde ein Zug bei einer Reisegeschwindigkeit von 100 km in der Stunde in ununterbrochener Fahrt 170 Jahre, also zwei lange Menschenleben, brauchen, um sein Ziel zu erreichen!

Die Größe der Sonne.

Wie groß ist die Sonne?

Sobald wir die Entfernung der Sonne kennen, ist es leicht, ihre Größe zu bestimmen. Wie man das macht, werden wir gleich sehen. In Abb. 36 machen ein Knabe und ein Mädchen einen Versuch, den Durchmesser der Sonne zu bestimmen. Der Junge hat einen Eßteller von 20 cm Durchmesser in der Hand und hält ihn zwischen das Mädchen und die Sonne. Zuerst, wenn er nahe bei dem Mädchen steht und den Teller hochhält, bedeckt er die Sonne und noch ein Stück des Himmels. Er geht dann weiter von dem Mädchen weg, und da, wo er jetzt ist, verdeckt schließlich der Teller gerade die Sonne. Mit Hilfe einer langen Schnur wird die Entfernung des Jungen von dem Mädchen gemessen: 21 m.

Sehen wir uns nun einmal Abb. 37 an. A gibt den Ort an, wo sich das Auge des Mädchens befindet; XY, ganz weit entfernt zu denken, stellt die Sonne vor, während BC, 21 m von A entfernt, den Teller bedeutet, der die Sonne gerade verdeckt. Es ist klar, daß, wenn sich die Sonne bei DE befände, das zweimal 21 m von A entfernt ist, und auch durch den

Teller verdeckt würde, der Durchmesser der Sonne zweimal
so groß sein müßte wie der Teller, also 40 cm. Wenn sie
dreimal 21 m entfernt wäre — also bei *FG* stände — und
gerade bedeckt würde, wäre ihr Durchmesser 60 cm. Man
sieht also, daß der Durchmesser der Sonne so viele Male
größer ist als der Teller, wie die Entfernung der Sonne größer ist als 21 m. Wir haben demnach 150 Millionen km
durch 21 m zu teilen. Das geht 7 Milliarden mal. Der Durch-

Abb. 36. Wie man die Größe der Sonne findet.
Der Junge hält einen Teller von 20 cm Durchmesser hoch, so daß er dem
Mädchen gerade die Sonne verdeckt. Wenn man den Abstand des Jungen
von dem Mädchen und noch die Entfernung der Sonne kennt, kann man den
Durchmesser der Sonne mit dem des Tellers vergleichen.

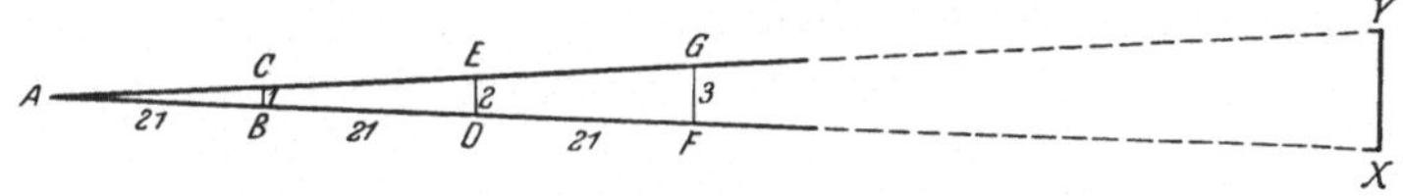

Abb. 37. Wie die Größe der Sonne berechnet wird.
AB ist der Abstand des Jungen von dem Mädchen und *AX* die Entfernung
der Sonne.

messer der Sonne ist deshalb 7 Milliarden mal 20 cm oder
1 400 000 km. Genauere Messungen ergeben 1 391 000 km.
So groß ist also der Durchmesser der Sonne.

Der Durchmesser der Erde beträgt 12 756 km, und durch
eine lange Division finden wir, daß der Durchmesser der
Sonne fast 110 mal so groß ist wie der der Erde.

Die Sonne ist im Vergleich zur Erde ungeheuer groß. Stellt

man die Sonne durch einen Fußball dar, dann hat die Erde
die Größe einer kleinen Erbse!

Viele unserer städtischen Straßen haben eine Breite von
20 m. Nähmen wir als Sonne eine große Kugel von 20 m
Durchmesser, die gerade den Platz an einer Straßenkreuzung
ausfüllt, dann wäre die Erde ein Fußball von 18 cm Durchmesser in einer Entfernung von 2 km.

<h3 align="center">Sonnenflecke und Fackeln.</h3>

Wenn wir uns die Sonne mit dem bloßen Auge ansehen
(natürlich immer durch ein dunkles Glas), erscheint sie einfach als eine große helle Scheibe. Aber schon auf einer Photographie wie Abb. 38 sieht man, daß die Scheibe nahe am
Rande dunkler ist als in der Mitte. Das weist darauf hin, daß
die Sonne eine Atmosphäre irgendwelcher Art besitzt. Wir
sind uns natürlich bewußt, daß die Sonne eine große Kugel
ist, und daß das, was wir den Rand nennen, der Teil der
Kugel ist, der sich von uns weg krümmt. Licht aus diesem
Teile legt einen längeren Weg durch die Sonnenatmosphäre
zurück als Licht aus der Mitte der Scheibe, und infolgedessen
wird ein größerer Teil davon verschluckt. Aus diesem Grunde
erhalten wir am Rande nur Licht, das aus den äußersten
Schichten stammt, während uns in der Sonnenmitte auch
noch Licht aus tieferen Schichten erreicht, die heißer sind
und deshalb heller leuchten.

Mit einem kleinen Fernrohr sehen wir bereits interessante
Einzelheiten auf der Oberfläche der Sonne. Auf der hellen
Scheibe (Abb. 38) sind einige dunkle, unregelmäßig geformte
Merkmale zu sehen, die als *Sonnenflecke* bekannt sind. Man
beachte, daß die Mitte der Flecke dunkler ist als die äußeren
Teile. Man beachte ferner, daß manche Flecke in Gruppen
beieinanderliegen, während andere einzeln auftreten. Manchmal sind diese Flecke so groß, daß mehrere Erden darin ver-
senkt werden könnten, ohne sie auszufüllen.

Wir wissen nicht genau, wodurch die Sonnenflecke hervorgerufen werden. Wir haben aber Gründe für die Vorstellung,
daß in ihnen Gasmassen aus tieferen Schichten wirbelnd an
die Oberfläche steigen. Hierbei kühlen sie sich ab und leuch-

48

ten dann etwas weniger hell als ihre heißere Umgebung. Inmitten der grell leuchtenden Sonnenoberfläche erscheinen sie uns deshalb als dunkle Flecke, obwohl sie, für sich allein betrachtet, helle Gebilde sind, deren Licht wir untersuchen können.

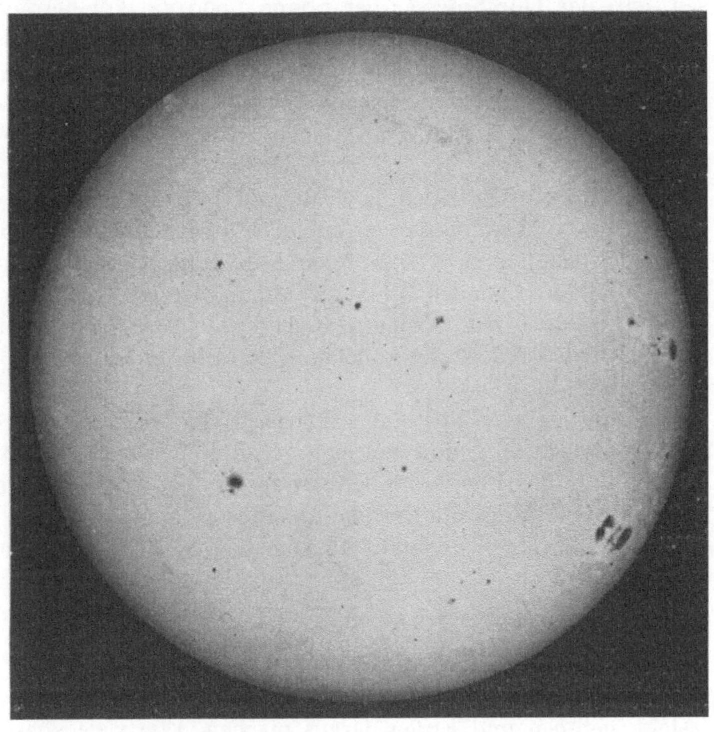

Abb. 38. Die Sonne mit Flecken und Fackeln.
Man beachte die große, über 200 000 km lange Fleckengruppe und die vielen anderen Flecke. Die Fackeln sind die weißlichen Gebiete, die die am Rande der Sonnenscheibe liegenden Flecke umgeben. Man sieht auch, daß die Mitte des Bildes viel heller ist als der Rand.

Man beachte auch die hellen Tupfen rund um die Fleckengruppe am Rande. Das sind *Sonnenfackeln*, Flammenberge, die ihre Gipfel über die lichtschluckende Atmosphäre hinauftreiben.

Die Sonne dreht sich um ihre Achse.

In Abb. 39 sind neun Aufnahmen der Sonne wiedergegeben, die an aufeinanderfolgenden Tagen gemacht sind. Betrachten wir einmal die große Gruppe von Sonnenflecken auf dem ersten Bilde, das am 6. August aufgenommen ist. Wir wissen, daß der Durchmesser der Sonne 1 390 000 km beträgt. Da nun diese Gruppe den zehnten Teil des Durchmessers lang zu sein scheint, muß sie eine Länge von 140 000 km haben. Sie war so groß, daß man sie mit dem bloßen Auge sehen konnte. Es kommen aber auch noch größere Fleckengruppen vor.

Auf dem zweiten Bilde liegt diese Fleckengruppe weiter nach rechts, und wenn man sie auf den folgenden Aufnahmen betrachtet, sieht man, daß sie gleichmäßig nach rechts wandert. Auf dem siebenden Bilde, das am 12. August aufgenommen ist, ist noch eine Andeutung der Gruppe zu sehen, aber am nächsten Tage ist sie vollständig verschwunden. So verhalten sich alle Flecke.

Wie werden wir uns das erklären? Wir werden sofort sagen, daß sich die Sonne um eine Achse drehen muß. Durch Beobachtung der Flecke können wir feststellen, wo die Achse liegt, und wie lange die Sonne zu einer vollen Umdrehung braucht. Sie braucht ungefähr 25 Tage.

Die Masse der Sonne.

Nehmen wir an, wir könnten allen Stoff, aus dem die Sonne besteht, nehmen und Erden daraus machen. Wie viele könnten wir wohl herstellen? Wir hätten Stoff genug für 332 000 Erden. Wir sagen, daß die Masse der Sonne 332 000 mal so groß ist wie die Masse der Erde. Man blättere zurück und betrachte noch einmal Abb. 31.

Es ist aber nützlich, zu wissen, daß 1 cbm der Sonne nicht soviel wiegen würde wie 1 cbm der Erde. Es ist so: 1 cbm Wasser wiegt 1000 kg; 1 cbm Sonnenmaterie wiegt 1,4 mal soviel wie 1 cbm Wasser oder 1400 kg, und 1 cbm Erde wiegt im Durchschnitt 5,5 mal soviel oder 5500 kg.

Sonnenflecke, Nordlichter, magnetische Stürme.

Noch andere interessante Tatsachen sind entdeckt worden. Es hat sich herausgestellt, daß die Sonnenflecke zu manchen Zeiten zahlreicher sind als zu anderen. In manchen Jahren — 1934 war das zuletzt der Fall — ist kaum ein Fleck zu

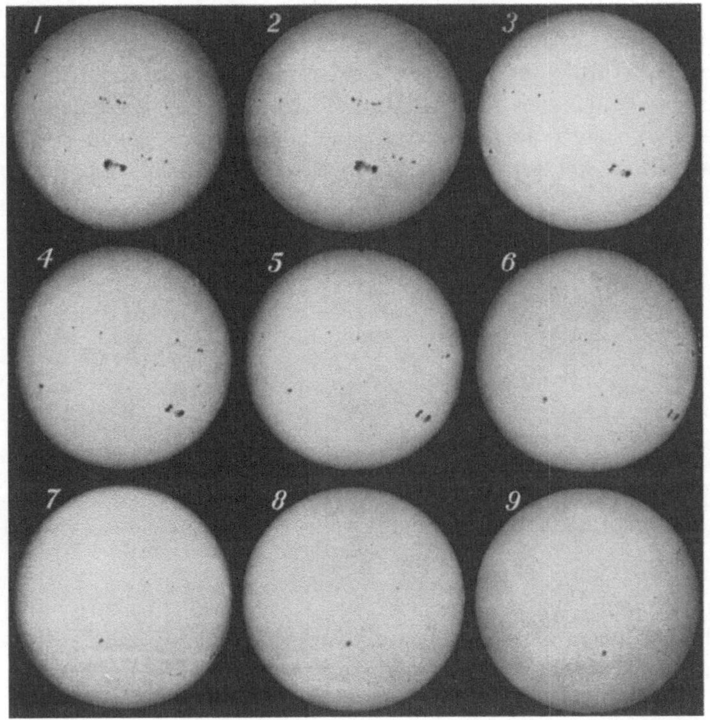

Abb. 39. Aufnahmen der Sonne an neun aufeinanderfolgenden Tagen. Wenn man die Lage der Flecke von Tag zu Tag verfolgt, kommt man zu dem Schluß, daß sich die Sonne um eine Achse dreht. Die Dauer einer Umdrehung kann aus der Bewegung der Flecke bestimmt werden; sie beträgt ungefähr 25 Tage. Die Aufnahmen sind zwischen dem 6. und 14. August 1893 gemacht, zu einer Zeit, als die Sonne viele Flecke hatte.

sehen. Dann werden die Flecke allmählich häufiger, und ungefähr fünf Jahre nach der Zeit, wo sie am seltensten waren, werden sie so häufig, daß das Antlitz der Sonne selten frei von diesen dunklen Flecken ist. Hierauf nehmen sie allmählich ab und verschwinden wieder. Dieser Vorgang der Abnahme und des Wiedererscheinens in voller Stärke wiederholt sich etwa neunmal in hundert Jahren.

Während diese Flecke auf der Sonne sichtbar sind, ereignen sich mancherlei merkwürdige Dinge auf der Erde. Wenn viele Flecke da sind, werden die Magnetnadeln stark gestört, und man spricht von *magnetischen Stürmen*. Gleichzeitig treten Nordlichter häufiger und besonders glänzend auf. Warum ereignen sich diese Dinge, die von so ganz verschiedener Art zu sein scheinen, zu gleicher Zeit? Ganz genau wissen wir das noch nicht, wir wissen aber schon, daß die Sonne

Abb. 40. Eine Protuberanz auf der Sonne — der „Heliosaurus“.
Diese seltsam geformte Protuberanz war während der totalen Sonnenfinsternis am 8. Juni 1918 (in Nordamerika) zu sehen. Links oben sieht man die Erde in demselben Maßstab wie die Protuberanz.

außer den Lichtstrahlen auch elektrische Teilchen aussendet, die bei ihrem Eindringen in die Erdatmosphäre diese Erscheinungen hervorrufen.

Photosphäre, Chromosphäre, Protuberanzen.

Die helle Sonnenoberfläche, die wir sehen, nennt man die *Photosphäre*. Sie ist so blendend hell, daß wir in ihrer Umgebung nichts am Himmel sehen können, gerade so, wie uns die grellen Scheinwerfer eines Autos hindern, in ihrer Richtung irgend etwas zu sehen. Es könnte sein, daß noch außerhalb der Photosphäre etwas ist, das zur Sonne gehört, aber unsere Augen sind geblendet, und wir können es nicht sehen. Mit Hilfe eines Instruments, das man als Spektroskop bezeichnet, ist es

52

aber möglich, den Rand der Sonnenscheibe zu erforschen, und wir finden dort noch einige interessante Teile der Sonne.

Die Schicht oder Hülle, die über der Photosphäre liegt, heißt *Chromosphäre*, und aus ihr erheben sich die merkwürdigen Gebilde, die man *Protuberanzen* nennt. Sie sind gewöhnlich von himbeerroter Farbe und nehmen phantastische Formen an. Sie enthalten viel Wasserstoffgas und Kalziumdampf. Manche dieser Protuberanzen verändern sich nur we-

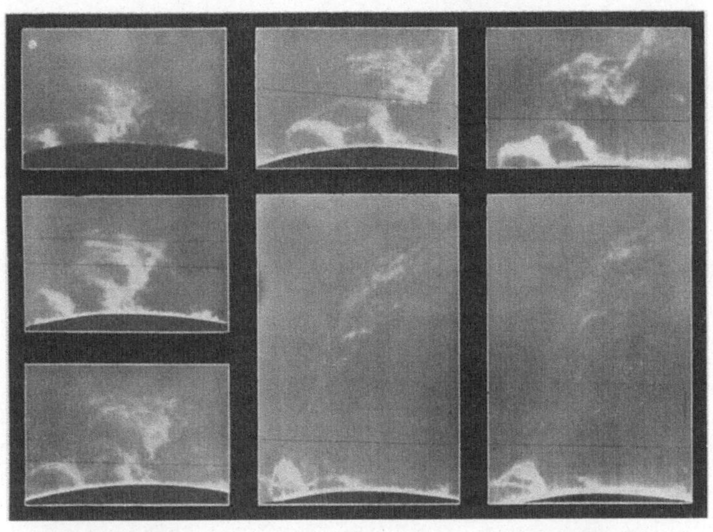

Abb. 41. Sieben Bilder einer großen Protuberanz am 8. Oktober 1920.
Die ungewöhnliche Protuberanz nahm verschiedene phantastische Formen an, auf einem Bilde erinnert sie an einen Hund. Auf dem ersten Bilde ist links oben die Erde im gleichen Maßstab eingezeichnet.

nig während einer ganzen Woche, während andere heftige Bewegungen zeigen. Abb. 40 zeigt eine Protuberanz, die am 8. Juni 1918 photographiert worden ist. Sie erinnert in ihrer Form an ein wildes Ungeheuer, das Feuer aus seinen Nüstern bläst. Der runde Fleck links zeigt die Erde in demselben Maßstab. In Abb. 41 sind sieben Aufnahmen einer Protuberanz wiedergegeben, die am 8. Oktober 1920 gemacht wur-

den. Auf dem ersten Bilde, das 9.32 Uhr aufgenommen ist,
war sie 120000 km hoch; auf dem letzten (13.54 Uhr) war
sie 500000 km hoch, und vierzig Minuten später erreichte
sie 827000 km. Auch in diesem Falle nahm die Protuberanz
phantastische Formen an.

Abb. 42. Entstehung einer Sonnenfinsternis.

Die beiden kleinen Reisenden beobachten, vielleicht
von einem anderen Planeten aus, wie eine Sonnenfinsternis zustande kommt. Während sich der Mond
um die Erde bewegt (er kommt aus dem Bilde heraus
auf uns zu), zieht sein Schatten auf einem schmalen Pfade über die Erde hinweg. Für einen Beobachter in dieser Schattenbahn ist, während der Schatten
über ihn hinwegzieht, die Sonne vollständig durch den Mond verdeckt.

Während einer totalen Sonnenfinsternis kann man die Protuberanzen mit dem bloßen Auge sehen. In solchem Falle
tritt der Mond genau vor die Sonne und schirmt das grelle
Licht der Photosphäre ab, so daß wir in der Lage sind, die
schwächeren äußeren Teile der Sonne zu sehen.

54

Abb. 42 zeigt, wie eine Sonnenfinsternis zustande kommt. Unsere kleinen Himmelsreisenden befinden sich hier auf

Abb. 43. Die Sonnenkorona am 21. September 1922.
Eine Aufnahme der Canadischen Finsternisexpedition nach Australien. Die Beobachtungsstation befand sich in Wallal an der Nordwestküste Australiens (20° südlicher Breite).

einem Nachbarplaneten und beobachten, wie die Finsternis vor sich geht. Der lange, schlanke Schatten, den der Mond hinter sich in den Raum wirft, trifft auf die Erde, und während der Mond sich in seiner Bahn weiterbewegt, schleift dieser Schatten über die Erdoberfläche. (Der Mond kommt auf uns zu, wenn wir das Bild ansehen.) Der Streifen der Oberfläche, über den der Schatten hinwegzieht, heißt Finsterniszone (auch Totalitätszone), und wenn sich jemand in dieser

Abb. 44. Photosphäre, Protuberanzen und Korona der Sonne zur Zeit eines Sonnenfleckenminimums.
Ein zusammengesetztes Bild, das zeigen soll, wie die Sonne aussehen würde, wenn die Protuberanzen und die Korona gleichzeitig mit der Photosphäre sichtbar wären. Das Bild gibt den Anblick wieder, der sich bieten würde, wenn die Sonne gerade wenige Flecke hat. Auffällig sind die langen Koronastrahlen, die aus der Äquatorialzone der Sonne mehr als eine Million Kilometer weit herausschießen. Es sind auch einige, aber nicht viele Protuberanzen vorhanden. Die Aufnahmen der Korona und der Protuberanzen sind am 28. Mai 1900 von der Expedition des Lick-Observatoriums gemacht worden. Die Aufnahme der Photosphäre von demselben Tage lieferte die Sternwarte in Greenwich.

56

Zone befindet, kann er während der Zeit, wo der Schatten über ihn hinweggeht — gewöhnlich drei oder vier Minuten lang —, die Sonne nicht sehen.

Statt dessen sieht man während dieser Zeit — außer den Protuberanzen — einen wunderbaren, perlgrau leuchtenden

Abb. 45. Photosphäre, Protuberanzen und Korona der Sonne zur Zeit eines Sonnenfleckenmaximums.
Ebenfalls ein zusammengesetztes Bild, das aber das Aussehen der Sonne in einer Zeit starker Fleckentätigkeit wiedergibt. Die Koronastrahlen gehen hier fast gleichmäßig von allen Teilen der Sonnenoberfläche aus, und es sind auch viele Protuberanzen vorhanden. Korona und Protuberanzen sind am 16. April 1893 von der Expedition der Lick-Sternwarte in Chile aufgenommen worden. Die Photosphäre lieferte eine Aufnahme der Lick-Sternwarte vom 9. August 1893.

Kranz um die Sonne herum. Das ist die *Korona* der Sonne (Corona ist das lateinische Wort für „Krone“), und sie ist eins der schönsten und eindrucksvollsten himmlischen Schauspiele. Abb. 43 ist eine Koronaaufnahme der Canadischen Expedition nach der Westküste Australiens zur Beobachtung der totalen Sonnenfinsternis am 21. September 1922. Die runde schwarze Scheibe, die man da sieht, ist der Mond; die Sonne steht, unserem Blick verborgen, genau dahinter.

Mit der Gestalt der Korona hat es eine besondere Bewandtnis. Sie ändert sich mit der Zahl der Flecke auf der Sonnenscheibe. Wenn viele Flecke vorhanden sind, scheinen die Strahlen der Korona von der Sonnenoberfläche nach allen Richtungen auszuströmen; wenn aber die Flecke weniger zahlreich sind, gehen von der Äquatorgegend der Sonne lange Strahlen aus, während an den Polen nur kurze Büschel auftreten. Die langen äquatorialen Strahlen erstrecken sich manchmal um das Zwei- oder Dreifache des Sonnendurchmessers, also um drei bis vier Millionen Kilometer, über den Sonnenrand hinaus.

Welcher Anblick sich bieten würde, wenn wir Photosphäre, Chromosphäre und Korona der Sonne gleichzeitig sehen könnten, zeigen die Abb. 44 und 45. Die erste bezieht sich auf eine Zeit, wo die Flecke sehr selten sind oder ganz fehlen, die zweite auf eine Zeit, wo sie zahlreich sind. Man beachte die Form der Korona in den beiden Fällen.

Sonnenglaube im Altertum.

Da die Sonne die Quelle des Lichts und der Wärme und deshalb für alles, was lebt, unentbehrlich ist, so ist es nicht verwunderlich, daß in alter Zeit manche Völker sie als Gottheit verehrten. So war es z. B. bei den Ägyptern. Sie hatten in ihrer Mythologie nicht weniger als zweitausend Gottheiten, und an erster Stelle stand Re, der Sonnengott. Auf alten Denkmälern finden sich verschiedene Darstellungen dieses Gottes. Eine Form ist in Abb. 46 wiedergegeben. Der Gott ist mit dem Körper eines Menschen und dem Kopfe eines Sperbers abgebildet. Es ist etwas Besonderes in der Art des Sperbers. Eben schießt er nieder wie ein Blitz, und zu anderer Zeit schwebt er anmutsvoll auf ausgebreiteten Flügeln hoch

58

oben in den Lüften. Es ist ganz natürlich, daß er mit der Sonne in Verbindung gebracht und für heilig gehalten wurde.

Auf seinem Kopf trägt Re die Sonnenscheibe, um die sich der *uraeus*, die ägyptische Brillenschlange, legt, im alten Ägypten ein Zeichen der Königswürde. In seiner rechten Hand trägt er den *ankh*, das Sinnbild des Lebens, und mit der linken Hand hält er das Zepter, das Symbol der Macht. Über der Figur steht der Name des Gottes in Hieroglyphen (Bilderschrift). Ein Kreis mit einem Punkt darin wird von den Astronomen noch heute als Zeichen für die Sonne benutzt.

Woraus besteht die Sonne?

Obgleich die Sonne so weit entfernt ist, haben die Astronomen herausgefunden, woraus sie besteht. Das hat das Spektroskop ermöglicht, jenes wunderbare Instrument, das wir schon erwähnt haben (S. 52).

Und woraus besteht nun die Sonne? Sie besteht aus Eisen, Kupfer, Zink, Natrium, Kalzium, Wasserstoff und vielen anderen Stoffen, die wir bei uns auf der Erde finden.

Abb. 46. Re, der ägyptische Sonnengott.

Auf alten ägyptischen Tempeln und Denkmälern finden sich viele Darstellungen des Sonnengottes Re.

Ist das nicht merkwürdig? Sonne und Erde bestehen aus genau denselben Stoffen! Sicher waren sie einmal zu einer weit zurückliegenden Zeit in einer einzigen Masse vereinigt.

Der Mond — seine Entfernung und Größe.

Wenn wir Sonne und Mond oben am Himmel vergleichen, sehen sie ungefähr gleich groß aus, und man wird deshalb erstaunt sein zu hören, daß die Sonne in Wirklichkeit 400mal so groß ist wie der Mond. Sie sieht ungefähr ebenso groß aus, weil sie 400mal so weit entfernt ist.

Die Entfernung des Mondes von der Erde beträgt im Durchschnitt 384 000 km. Sie ist klein im Vergleich mit den meisten Entfernungen, denen wir in der Astronomie begegnen. Ein Lokomotivführer, der sechsmal in der Woche den FD-Zug von Berlin nach Hamburg und zurück fährt, könnte statt dessen in etwas mehr als 2 Jahren bis zum Monde fahren, während er bis zur Sonne 900 Jahre gebrauchen würde.

Der Durchmesser des Mondes beträgt 3476 km, etwas mehr als ein Viertel des Erddurchmessers; die Erde ent-

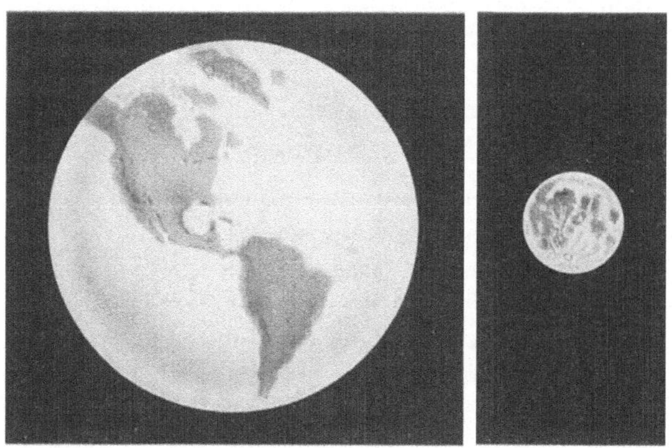

Abb. 47. Größenvergleich zwischen Erde und Mond.
Die Durchmesser betragen 12757 und 3476 km.

hält Stoff genug, daß man 81½ Monde daraus machen könnte. Den Größenunterschied der beiden Körper zeigt Abb. 47.

Die Mondphasen.

Wie wir bereits gesehen haben (S. 18), bewegt sich der Mond um die Erde. Wir erinnern uns auch, daß der Mond ein dunkler Körper ist und nur zu sehen ist, wenn er von der Sonne beleuchtet wird. Aus diesen beiden Gründen zeigt der Mond Phasen. Wir müssen uns klarmachen, wie sie entstehen, und die Erklärung ist nicht schwierig.

In Abb. 48 müssen wir uns die Sonne rechts in sehr großer
Entfernung denken. Wir sehen die Strahlen, die von ihr her-
kommen. Wenn sie auf den Mond fallen, erleuchten sie eine
Hälfte von ihm, genau so, wie sie eine Hälfte der Erde oder
irgendeines anderen runden Körpers, auf den sie fallen, beleuchten.

Der Mond läuft in der durch die Pfeile angegebenen Richtung um die Erde. Wenn er in *A* ist, in der Verbindungslinie

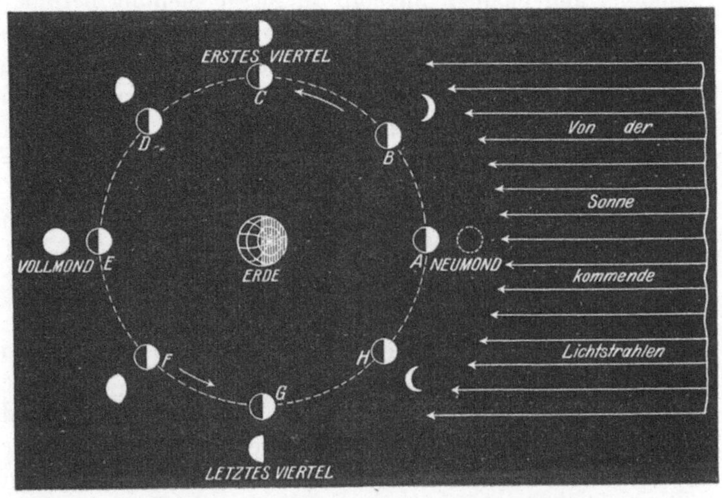

Abb. 48. Entstehung der Phasen des Mondes.

Die Sonne steht rechts in großer Entfernung. Ihre Strahlen beleuchten
jederzeit eine Hälfte der Mondoberfläche, und von dieser sehen wir wechselnde
Teile, während sich der Mond um die Erde bewegt. Bei *A* können wir gar
nichts von der beleuchteten Halbkugel sehen, bei *E* sehen wir sie ganz und
bei *C* und *G* zur Hälfte.

Sonne—Erde, ist seine beleuchtete Seite von der Erde abge-
kehrt, und wir können ihn überhaupt nicht sehen. Wir nennen diese Stellung *Neumond.*

Etwa 3 Tage später erreicht der Mond die Stellung *B.*
Ein Erdbewohner kann nun einen Teil der beleuchteten Halbkugel des Mondes sehen. Dieser sichtbare Teil sieht aus wie
eine Sichel, so, wie es in der Abbildung gezeichnet ist. Man
sagt, daß der Mond 3 Tage alt ist.

Etwa 4 Tage später kommt der Mond nach *C*, und wir sehen von der Erde aus die Hälfte der beleuchteten Seite; sie erscheint als halbkreisförmige Scheibe. Der Mond hat jetzt ein Viertel seiner Bahn, vom Neumond aus gerechnet, zurückgelegt, und wir sagen deshalb: er ist im *ersten Viertel*.

Wenn der Mond 10 Tage alt ist, hat er *D* erreicht, und ungefähr 2 Wochen nach dem Neumond finden wir ihn bei *E*. Wir sehen von der Erde aus seine ganze beleuchtete Halbkugel und nennen ihn *voll*. In dieser Stellung befinden sich Sonne, Erde und Mond in einer Linie, die Erde steht zwischen den beiden anderen Körpern. Wenn die Sonne im Westen untergeht, geht der Vollmond im Osten auf, um Mitternacht steht er im Meridian.

Eine Woche später erreicht der Mond den Punkt *G*. Er erscheint wieder halbkreisförmig und ist im *letzten Viertel*. Nach einer weiteren Woche oder im ganzen einem Monat kommt er wieder in *A* an, und wir haben wieder *Neumond*. Das ganze Spiel, von einem Neumond bis zum nächsten, dauert 29½ Tage.

Wenn wir genau Neumond haben, können wir den Mond gar nicht sehen. Er muß schon etwa 2 Tage alt sein, ehe wir seine schmale Sichel sehen können. Wenn der Mond 27 Tage alt ist, also etwa 2 Tage vor dem Neumond, zeigt er eine ähnliche Sichel. Zu dieser Zeit haben wir ihn im Osten zu suchen, kurz vor Sonnenaufgang. Wenn er jung ist — 2 oder 3 Tage alt —, müssen wir ihn im Westen suchen, wenn die Sonne gerade untergegangen ist.

Mond und Wetter.

Die Hörner des Mondes sind immer von der Sonne weg gerichtet. Aus Abb. 48 ist ersichtlich, daß das so sein muß. Außerdem ist die Verbindungslinie der Hörnerspitzen senkrecht zu der Linie, die Mond und Sonne verbindet. In unseren Gegenden, den sogenannten mittleren Breiten, sind bei Sonnenuntergang die Hörner im Frühling nach oben gerichtet, so daß der Mond so aussieht, als ob er (als Schale aufgefaßt) Wasser tragen könnte; im Herbst stehen sie so, daß das Wasser herauslaufen würde. In den tropischen Teilen der Erde liegen die Hörner des zunehmenden Mondes immer so, daß er Wasser halten könnte, während in den Polgegenden das Wasser immer herauslaufen würde. In keiner Stellung hat aber der Neumond irgend etwas mit feuchtem Wetter zu tun! Es ist wirklich sehr töricht, Wetteränderungen mit dem Wiedererscheinen der Mondsichel in Verbindung zu bringen.

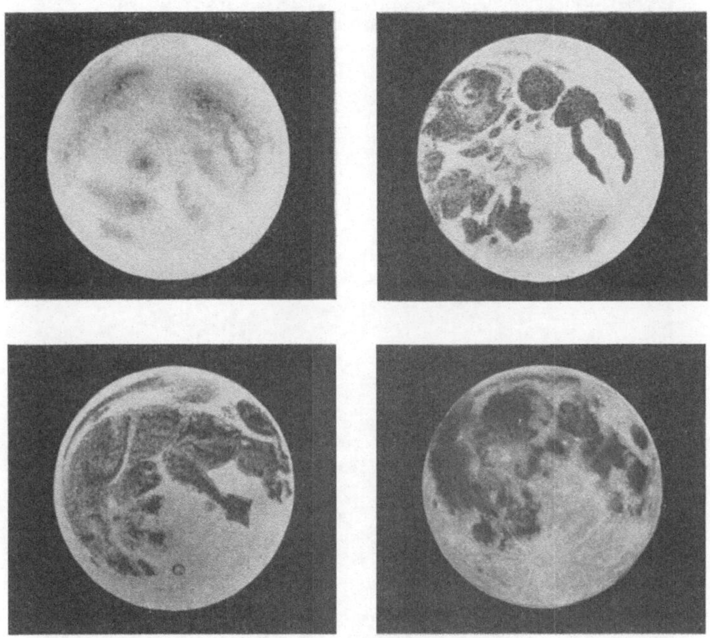

Abb. 49. Anblick des Mondes mit dem bloßen Auge.

Das Bild links oben ist eine Zeichnung des „Mannes im Mond"; oben rechts ist der „Krebs" eingezeichnet, unten links die „lesende Frau". Das Bild rechts unten ist eine richtige Aufnahme des Mondes, die man mit den anderen Bildern vergleichen kann. Mit einiger Phantasie kann man auch noch andere Figuren im Monde erkennen.

Obwohl viele Leute an einen solchen Zusammenhang glauben, hat die Bearbeitung langer Reihen von Wetterbeobachtungen immer wieder ergeben, daß der Mond tatsächlich keinerlei Einfluß auf das Wetter hat.

Betrachtung des Mondes mit dem bloßen Auge.

Es ist ganz reizvoll, den Mond mit dem bloßen Auge zu studieren. Abb. 49 enthält vier Bilder. Das Bild unten rechts ist eine photographische Aufnahme des Vollmondes, die gut wiedergibt, wie der Mond durch ein kleines Fernrohr oder einen Feldstecher aussieht. In dem Bilde oben links ist der

Abb. 50. Vollmond.

Die dunklen Gebiete werden „Meere" genannt, obwohl sie kein Wasser enthalten; die kleinen runden Gebilde sind Krater, wahrscheinlich vulkanischen
Ursprungs. Man achte auf die viele Kilometer langen hellen „Strahlen", die
von dem Krater Tycho im oberen Teile der Abbildung ausgehen. Sie haben
noch keine befriedigende Erklärung gefunden.

„Mann im Mond" zu sehen. Man erkennt Augen, Nase, Mund und Kinn. Wenn im Herbst der Vollmond heraufsteigt, ist der „Mann im Mond" gut zu sehen. Man sieht ihn auch vier Tage nach dem Vollmond sehr deutlich. Das Bild unten links

64

Abb. 51. Der Mond im ersten Viertel.

Die dunklen Meere sind hier gut sichtbar, und die Krater treten an der zerklüfteten Kante, die den beleuchteten Teil begrenzt (der „Lichtgrenze"), besonders deutlich hervor. Der größte, etwa in der Mitte der Lichtgrenze, hat einen Durchmesser von 185 km, ist also 10 mal so groß wie irgendein Krater auf der Erde. Die andere Hälfte der Mondscheibe ist dunkel und so für uns unsichtbar.

(Abb. 49) zeigt die „lesende Frau“. Sie hat einen Hut auf dem Kopfe und beugt sich über das Buch, das sie in der Hand hält. In dem Bild oben rechts sieht man schließlich den „Krebs“. Von anderen Beobachtern sind auch noch andere

Abb. 52. Das Mare Imbrium und seine Umgebung.

Eine Aufnahme des Hooker-Teleskopes auf dem Mount Wilson in Californien, dessen Spiegel einen Durchmesser von $2^1/_2$ m hat. Das Mare Imbrium, die Bergzüge und die Krater sind schön zu sehen, ebenso die scharfen Schatten der Kraterränder und einiger felsenartiger Gebilde in dem großen Meeresbecken.

Phantasiegebilde herausgelesen worden. Die hier angeführten sind leicht zu sehen — wenn man nach ihnen sucht.

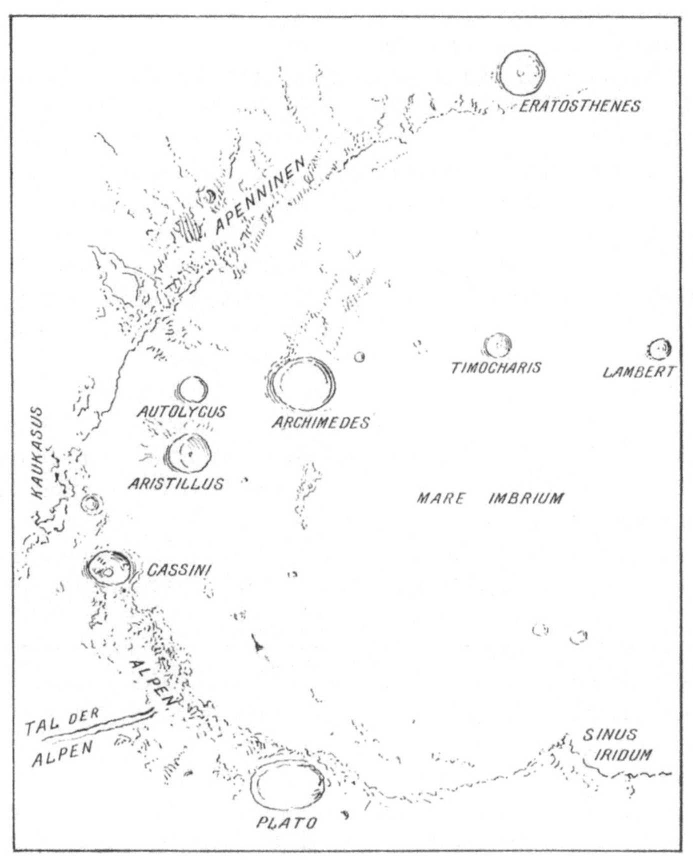

Abb. 53. Schlüssel zu der Abb. 52.

Die Krater sind zum größten Teil nach berühmten Astronomen benannt, die Gebirge nach irdischen Gebirgen.

Photographische Aufnahmen des Mondes.

In Abb. 50 haben wir eine Aufnahme des Vollmonds. Sie ist hier so wiedergegeben, wie man den Mond im Fernrohr sieht — auf dem Kopf stehend im Vergleich zu dem Anblick mit dem bloßen Auge oder mit einem Feldglas.

Wir bemerken da dunkle Gebiete, meist von rundlicher Gestalt. Sie werden als *Meere* bezeichnet. Man hat sie bei ihrer Entdeckung für Wasserflächen gehalten, und obwohl wir heute wissen, daß es auf dem Mond kein Wasser gibt, werden sie immer noch Meere genannt. Sie haben seltsame Namen. Der runde Fleck in der Mitte links heißt Meer der Krisen (Mare Crisium). Unmittelbar rechts daneben liegt das Meer der Ruhe (Mare Tranquillitatis), und nach unten anschließend das Meer der Heiterkeit (Mare Serenitatis). Das große dunkle Gebiet darunter und weiter rechts ist das Meer der Niederschläge (Mare Imbrium). Auffällig ist auch der helle Fleck im oberen Teil, von dem helle Strahlen nach allen Seiten ausgehen. Das ist kein Meer, sondern ein Krater; er heißt Tycho (nach dem großen dänischen Astronomen).

Wir haben dann in Abb. 51 eine Aufnahme des Mondes im ersten Viertel. Einige der Meere sind gut zu sehen, aber unser Blick wendet sich hier den zahlreichen runden Gebilden zu, die besonders deutlich am rechten Rande zu sehen sind. Es sind Krater, die vielleicht von vulkanischer Tätigkeit in längst vergangenen Zeiten herrühren. Der größte Mondkrater heißt Ptolemäus (nach einem anderen großen Astronomen) und hat einen Durchmesser von 185 km, der größte Krater der Erde liegt in Japan und hat nur einen Durchmesser von 10 km. Wir sehen auch einzelne weiße Flecke im Dunkel hart jenseits der zackigen Lichtgrenze. Das sind Berggipfel, die gerade eben von der aufgehenden Sonne beleuchtet werden.

Abb. 52 gibt eine Aufnahme wieder, die mit dem bisher größten Fernrohr der Erde (auf dem Mount Wilson in Californien) gemacht ist. Sie zeigt einen Teil des Mondes (den nördlichen Teil) zur Zeit des letzten Viertels. Es ist das Mare Imbrium. Die Namen einiger der auf dem Bilde sichtbaren Objekte sind in der Schlüsselkarte (Abb. 53) angegeben. Wir haben da zunächst das Mare Imbrium. An seinem oberen linken Ufer liegen die Apenninen, eine Gebirgskette, die ihren Namen nach den Apenninen in Italien erhalten hat. Unten links liegen die Alpen, dazwischen der Kaukasus. Durch die Alpen zieht sich ein Tal. Es ist 5—8 km breit und über i3o km lang. Dann ist da der Krater Plato. Er sieht elliptisch aus, weil er auf der sich von uns weg krümmenden Mondoberfläche liegt, er ist aber in Wirklichkeit kreisrund. Dann ist da die Regenbogen-Bucht (Sinus Iridum) und weiter oben die Krater Archimedes, Eratosthenes und andere. Man beachte auch den scharfen Felsen, der sich auf der linken Seite aus dem Mare Imbrium erhebt. Er wirft einen besonders schwarzen Schatten, an dem man erkennen kann, in welcher Richtung die Sonne steht. Ähnliche Gebilde wie auf dieser Abbildung gibt es viele auf der Mondoberfläche, und die hauptsächlichen haben auch alle einen Namen.

Abb. 54. Zwei Aufnahmen des Mondes, die die Libration zeigen.

Ein Vergleich der beiden Aufnahmen, deren zweite ein halbes Jahr nach der ersten gemacht ist (31. Oktober 1906 und 27. April 1907), lehrt, daß uns der Mond nicht immer genau dasselbe Gesicht zeigt. Der helle Fleck in der oberen Hälfte ist der Krater Tycho mit seinen auffälligen hellen Strahlen.

Zeigt der Mond immer dasselbe Gesicht?

Monat für Monat sehen wir, wenn wir den Vollmond betrachten, dieselben bekannten Merkmale, und deshalb sagen wir kurzerhand, daß der Mond der Erde immer dieselbe Seite zukehrt. Das ist im ganzen auch vollkommen richtig. Würde Hipparch, der berühmte griechische Astronom, der vor mehr als zweitausend Jahren gelebt hat, heute auf die Erde zurückkehren, so würde er dasselbe Mondgesicht sehen, auf das er damals von seiner Sternwarte auf der Insel Rhodos im Ägäischen Meer blickte.

Wenn wir allerdings der Sache etwas genauer nachgehen, finden wir, daß wir nicht immer ganz genau denselben Teil der Mondoberfläche sehen. Das geht deutlich aus den beiden Aufnahmen des Vollmonds in Abb. 54 hervor. Man vergleiche sie sorgfältig miteinander. In dem rechten Bilde sehen wir viel weiter über den Krater Tycho hinweg und natürlich entsprechend weniger unterhalb des Mare Imbrium als auf dem linken Bilde. Ferner ist auf dem linken Bilde links vom Mare Crisium ein Teil sichtbar, von dem auf der anderen Aufnahme nichts zu sehen ist.

Durch fortgesetzte Beobachtung mit dem Fernrohr oder durch das Studium von Aufnahmen, die zu verschiedenen Zeiten gemacht sind, ist es tatsächlich möglich, 59 % der gesamten Mondoberfläche zu sehen. Manche Leute haben den Wunsch, auch noch die übrigen 41 % zu sehen, die unseren Blicken dauernd entzogen sind, aber sie können sicher sein, daß sie von derselben allgemeinen Art sind wie der Teil, dessen Anblick wir genießen.

Abb. 55. Thoth, der ägyptische Mondgott.
Eine der Gestalten Thoths, die man auf alten Denkmälern findet. Thoth war auch der Gott der Wissenschaft und Literatur.

Mondglaube.

Auch der Mond wurde von den Ägyptern als Gottheit verehrt. Sie hatten zwei Mondgötter, deren einer den Namen Thoth führte. Eine der Gestalten, in denen er abgebildet wurde, zeigt Abb. 55. Er hat einen Menschenleib und den Kopf eines Ibis, eines Vogels, der im alten Ägypten als heilig galt. Auf dem Kopfe trägt er eine Scheibe mit der Mondsichel, dazu eine Straußenfeder, das Sinnbild der Wahrheit. In den Händen hält er eine Schreibtafel und eine Rohrfeder. Thoth war auch der Gott der Wissenschaft und der Schrift.

Die Astronomen sind der Meinung, daß der Mond eine Stein- und Sandwüste ist. Man sieht niemals Wolken auf seiner Oberfläche, und es sind noch keine unzweifelhaften Veränderungen auf ihm festgestellt worden. Die verschiedenen Oberflächenmerkmale sehen etwas anders aus, je nachdem, wie sie von den Sonnenstrahlen beleuchtet werden, ihre Formen sind aber unveränderlich. Wir glauben deshalb, daß der Mond keine Lufthülle hat. Wenn während des Mondtages die ungehemmte Sonnenstrahlung auf der Oberfläche liegt, muß sie sehr heiß werden, aber während der langen Nacht muß die Temperatur sehr tief sinken.

Überall Öde und Totenstille.

Fünftes Kapitel.

Merkur und Venus.

Merkur.

Wir kommen nun zu den Planeten. Der, der der Sonne am nächsten ist, heißt Merkur. Seine Entfernung von der Sonne beträgt im Durchschnitt 58 Millionen km, sie schwankt aber zwischen 46 und 70 Millionen km. Er ist, wie wir schon wissen, der Kleinste in der Familie.

In der alten griechischen und römischen Götterlehre war Merkur der Götterbote. Er wurde als schöner Jüngling dargestellt; die Flügel an den Fersen befähigten ihn, bei der Ausübung seines Amtes mit gewaltiger Geschwindigkeit den Raum zu durchmessen. Er war ein beliebter Vorwurf für Maler und Bildhauer, und es gibt viele schöne Bilder und Statuen von ihm. Eine der schönsten und anmutigsten dieser Statuen zeigt Abb. 56. Sie stammt von Giovanni da Bologna (um 1575) und befindet sich in einer Sammlung in Florenz.

Die Planeten sind nach den alten heidnischen Göttern benannt, und der Name des Merkur fiel naturgemäß dem sonnennächsten Planeten zu, weil er sich am schnellsten von allen bewegt. Er legt niemals weniger als 37 km in der Sekunde zurück, und manchmal erreicht er 56 km in der Sekunde. Er braucht nur 88 Tage zu seinem Umlauf um die Sonne, das Merkurjahr ist also nicht ganz so lang wie drei unserer Monate. Er hat einen Durchmesser von 4800 km, und seine Masse ist etwa $1/25$ der Erdmasse. Abb. 57 gibt einen Vergleich der Größen von Erde und Merkur.

Die Astronomen haben den Planeten lange geduldig beobachtet in der Hoffnung, irgendwelche Merkmale auf seiner Oberfläche zu entdecken, durch die man feststellen könnte, wie lange Merkur zu einer Drehung um seine Achse gebraucht, sie haben aber wenig Erfolg darin gehabt. Man nimmt an, daß Merkur der Sonne immer dieselbe Seite zuwendet, und daß er wenig oder gar keine Atmosphäre hat. Die eine Seite muß deshalb eine glühende Wüste sein, die andere eine froststarrende Einöde.

Abb. 56. Merkur, der Götterbote.
In seiner linken Hand hält er den Heroldsstab. Sein linker Fuß wird vom Westwind getragen.

Venus.

Der nächste Planet in der Reihe ist Venus. Seine Entfernung von der Sonne beträgt 108 Millionen km. Wie Venus die schönste aller alten Gottheiten war, so ist Venus auch der schönste unter den Planeten. Als Abendstern im Westen und als Morgenstern im Osten überstrahlt Venus alle anderen Planeten und Sterne und erweckt allgemeine Bewunderung.

Mit einer Geschwindigkeit von 35 km in der Sekunde durchmißt Venus ihre Bahn und legt einen vollen Umlauf in 225 Tagen oder 7½ Monaten zurück. Der Durchmesser des

Abb. 57. Erde und Merkur.
Die Durchmesser betragen 12 700 und 4800 km.

Planeten ist 12 200 km, also fast genau so groß wie der Erddurchmesser. Venus und Erde ähneln sich wie Zwillingsschwestern (Abb. 58).

Bevor wir das Verhalten der Venus betrachten, müssen wir uns einige Tatsachen ins Gedächtnis rufen:

1. Venus hat kein eigenes Licht, sondern leuchtet nur, weil sie von der Sonne beschienen wird.

2. Zu jeder Zeit ist die eine Hälfte der Oberfläche des Planeten beleuchtet — nämlich die Halbkugel, die der Sonne zugekehrt ist.

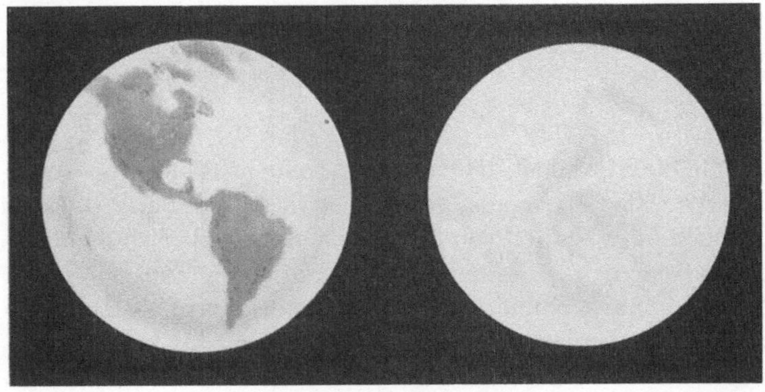

Abb. 58. Erde und Venus.
Die Durchmesser sind 12 700 und 12 200 km.

3. Wir beobachten Venus von der Erde aus, die 15o Millionen km von der Sonne entfernt ist und demnach außerhalb der Venusbahn liegt.

In Abb. 59 sehen wir einen jungen Astronomen auf der Erde, der Venus auf ihrem Wege um die Sonne beobachtet. Wenn der Planet sich in der Stellung 1 befindet, hat er seine größte Entfernung von der Erde, er ist dann 15o und 1o8, also 258 Millionen km entfernt. Das ist eine sehr große Entfernung, und der Planet erscheint infolgedessen klein. Er kann übrigens nicht beobachtet werden, wenn er sich in die-

Abb. 59. Venus zeigt Phasen wie der Mond.
Der junge Astronom auf der Erde beobachtet Venus auf ihrem Wege von der oberen Konjunktion mit der Sonne (Stellung 1) zur unteren Konjunktion (Stellung 5). Sie nimmt an Größe zu und zeigt Phasen.

ser Stellung befindet, da er in den Sonnenstrahlen verschwindet. Von der Erde aus gesehen wird er gewöhnlich etwas nördlich oder südlich von der Sonne stehen, aber so dicht dabei, daß er nicht zu sehen ist. Wenn zu dieser Zeit gerade der Mond vor die Sonne tritt und deren intensives Licht abschirmt, kann man den Planeten sehen, und im Fernrohr erscheint er dann als helle runde Scheibe. Gerade das müssen wir natürlich auch erwarten, da seine beleuchtete Seite genau auf uns gerichtet ist. Er ist auch nahe bei dieser Stellung

74

photographiert worden und erweist sich dann wirklich als runde Scheibe (Abb. 60 *A*).

Wenn er nach 2 kommt (Abb. 59), ist er der Erde näher und sieht deshalb größer aus, aber nun können wir nicht die ganze beleuchtete Halbkugel sehen. Mit dem bloßen Auge kann man zu keiner Zeit die Gestalt der Planetenscheibe erkennen, aber schon ein kleines Fernrohr zeigt, daß sie die buckelige Form hat, die in Abb. 60 gezeichnet ist. In 3 ist der Planet viel näher und heller und sieht wie ein Halbmond aus. Auf seinem weiteren Laufe wird er immer heller, bis er nach 4 kommt. Im Fernrohr erweist er sich nun als sichelförmig. (Man vergleiche Abb 60, *B, C, D*.)

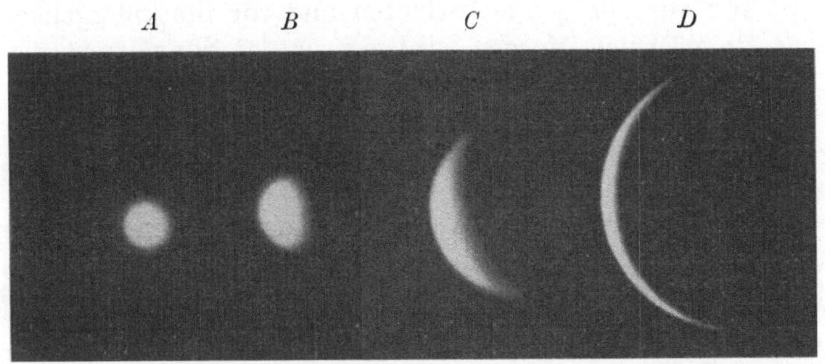

Abb. 60. Photographische Aufnahmen der Venus.
Photographische Aufnahmen des Planeten, die die Größenzunahme und die Phasen von der vollen Scheibe bis zur schmalen Sichel zeigen.

Fünf Wochen später erreicht der Planet die Stellung 5 (Abb. 59). Hier beträgt seine Entfernung von der Erde 150 weniger 108, also 42 Millionen km. Er ist jetzt der Erde am nächsten; da aber seine beleuchtete Seite von der Erde weg gerichtet ist, können wir ihn überhaupt nicht sehen. Venus verbirgt ihr holdes Angesicht vor uns.

In den nächsten fünf Wochen bewegt sich der Planet nach 6, wo er ähnlich aussieht wie in 4. Dann kommt er nach 7 und 8 und schließlich wieder nach 1.

Venus zeigt also Phasen wie der Mond.

Morgen - und Abendstern.

Wir können die Abb. 59 noch weiter benutzen. Wenn Venus sich in den Stellungen 2, 3 oder 4 befindet, werden wir sie von der Erde aus am Himmel links von der Sonne sehen. Sehen wir nun einmal nach der Sonne hin, und stellen wir uns vor, daß Venus links, also östlich davon steht. Wenn nun die Sonne im Laufe des Tages über den Himmel zieht, wird Venus ihr folgen, und wenn die Sonne im Westen untergegangen ist, wird Venus noch über dem Horizont sein: wir bezeichnen sie dann als *Abendstern*.

Wenn nun aber Venus bei 6, 7 oder 8 steht, wird sie am Himmel rechts oder westlich von der Sonne erscheinen. Sie wird also vor der Sonne herlaufen und vor ihr untergehen; aber am nächsten Morgen wird sie vor der Sonne im Osten heraufkommen, also *Morgenstern* sein.

Die alten Griechen hielten Abend- und Morgenstern für zwei verschiedene Himmelskörper und nannten sie Hesperos und Phosphoros.

Auf der Oberfläche der Venus sind keine bleibenden Merkmale zu sehen, und es ist deshalb schwierig, zu bestimmen, in welcher Zeit sie sich um ihre Achse dreht. Lange Zeit glaubte man, daß das in etwas weniger als 24 Stunden vor sich geht. Weitere Beobachtungen haben dann zu der Ansicht geführt, daß der Planet dauernd dieselbe Seite der Sonne zuwendet, daß also die Drehung um die Achse in derselben Zeit erfolgt wie der Umlauf um die Sonne, nämlich in 225 Tagen. Gegenwärtig erscheint eine Umdrehungszeit von mehr als zwanzig Tagen — vielleicht fünf oder sechs Wochen — am wahrscheinlichsten.

Venus hat eine dichte Atmosphäre, die dafür sorgt, daß die Oberfläche weder zu heiß noch zu kalt wird. Merkur hat keine solche Schutzhülle. An dieser Atmosphäre liegt es auch, daß wir keinerlei Merkmale auf der festen Oberfläche des Planeten erkennen können.

Venus ist am hellen Tage sichtbar.

Im hellsten Glanze ist Venus weit heller als irgendein anderer Planet oder Stern und kann leicht am hellen Tage ge-

sehen werden, wenn man nur weiß, in welcher Richtung man
sie zu suchen hat.

Verhältnismäßig wenige Menschen haben den Planeten am
Tage gesehen, aber bei einigen Gelegenheiten hat er viel Aufsehen erregt. Im Jahre 1716 gerieten viele Bürger Londons

Abb. 61. Beobachtung der Venus am Tage.

Venus ist am besten am Tage zu beobachten, wenn sie hoch über dem Horizont steht. Die Abbildung zeigt Dr. Lowell, dessen Bemühungen auch die
(erst nach seinem Tode gelungene) Entdeckung des Planeten Pluto zu verdanken ist, am großen Fernrohr des von ihm gegründeten Lowell-Observatoriums in Flagstaff (Nordamerika).

in Aufregung, weil sie ein seltsames Etwas am Himmel erblickten und fürchteten, es könnte der Vorbote eines großen Unglücks sein. Aber der Astronom Halley klärte sie darüber auf, daß es nur der Planet Venus war, der friedlich seinen normalen Pfad zog.

Es wird auch berichtet, daß Napoleon einmal, als er sich um die Mittagszeit in Paris auf dem Wege zu einer Staatsfeierlichkeit befand, sehr erstaunt war, daß die Leute mehr nach dem Himmel als nach ihm und seinem glänzenden Gefolge sahen. Auf die Frage nach dem Grunde wurde ihm der Planet gezeigt.

Vor kurzem gab es aus demselben Grunde einigen Aufruhr in Los Angeles in Californien, die Menschen strömten in großen Scharen zusammen, um Venus zu sehen. Die hohen Gebäude hielten das direkte Sonnenlicht ab und ermöglichten so eine bequeme Betrachtung des Himmelsteils, in dem der Planet stand. Er ist aber auch auf dem Lande sehr gut zu sehen. Vor einigen Jahren telegraphierten Präriebewohner im westlichen Canada die Nachricht durch die ganze Welt, als sie den Planeten am Himmel entdeckt hatten.

Venus ist im Fernrohr immer ein blendendes Objekt und am besten zu beobachten, wenn sie hoch über dem Horizont steht. Zur Zeit ihrer größten Helligkeit sieht sie aus wie der Mond, wenn er fünf Tage alt ist — wie in Abb. 59 zwischen 3 und 4 oder 6 und 7.

Sechstes Kapitel.

Mars.

Entfernung und Größe des Planeten.

Von allen Planeten hat Mars das größte Interesse erregt. Er scheint mehr als sonst einer der Planeten der Erde ähnlich zu sein, und jeder möchte gerne wissen, ob es lebende Wesen auf ihm gibt.

Die Entfernung des Planeten von der Sonne beträgt rund 228 Millionen km, also das Eineinhalbfache der Erdentfernung; seinen Umlauf um die Sonne vollendet er bei einer Reisegeschwindigkeit von 24 km in der Sekunde in 687 Tagen.

Der Durchmesser des Mars beträgt 6800 km, nicht viel mehr als die Hälfte des Erddurchmessers (Abb. 62). Seine Masse ist $1/9$ der Erdmasse; das soll ausdrücken, daß die Erde Stoff genug enthält, daß man neun Planeten von der Art des Mars daraus machen könnte.

Erdbahn und Marsbahn.

Wir wollen uns etwas mit der Bewegung der Erde und des Mars beschäftigen. In Abb. 63 ist der innere Kreis die Bahn

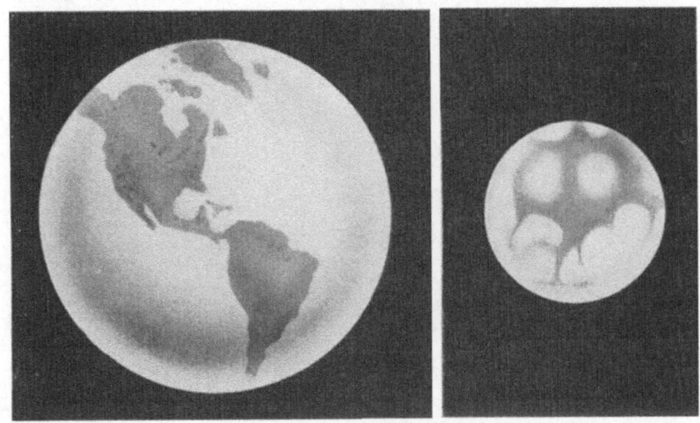

Abb. 62. Erde und Mars.
Die Durchmesser betragen 12700 und 6800 km.

der Erde, der äußere die Marsbahn. Genau genommen sind die Bahnen Ellipsen, aber sie sind nicht sehr von Kreisen verschieden.

Die Stellung der Erde ist für jeden Monatsersten angegeben. Diese Örter gelten für jedes Jahr.

Die Stellung des Mars ist ebenfalls für jeden Monatsersten des Jahres 1926 eingezeichnet. Da Mars zu seinem Umlauf um die Sonne fast zwei Jahre gebraucht, so durchläuft er in einem Jahre nur etwas mehr als die Hälfte seiner Bahn. Die Verbindungslinie der beiden Körper gibt ihre Entfernung zu den verschiedenen Zeiten an, und es ist interessant, zu sehen,

wie die Entfernung wechselt. Die Zahlen an den Linien geben
die Entfernung in Millionen Kilometern.

Am 1. Januar war der Planet 335 Millionen km von der
Erde entfernt, aber am 1. Februar nur noch 302 Millionen.
Im Laufe des Monats Januar kam also Mars der Erde um
33 Millionen km näher, die Annäherungsgeschwindigkeit betrug daher rund 12 km in der Sekunde. Die Entfernung zwi-

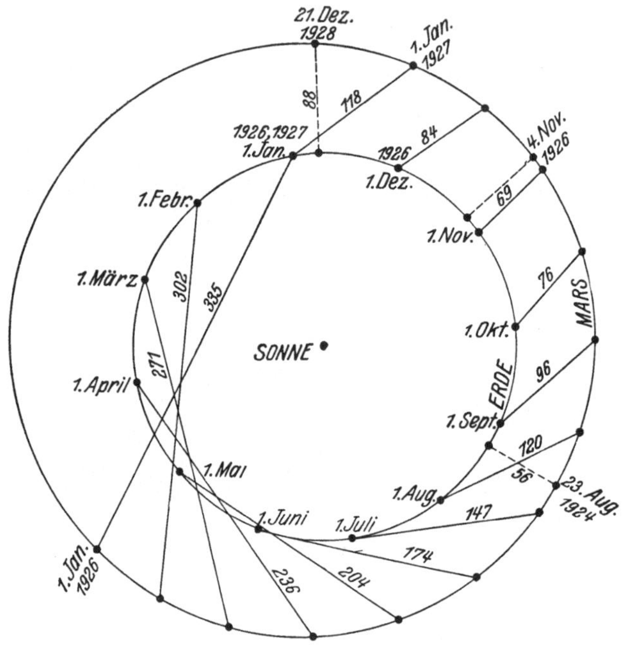

Abb. 63. Die Bahnen von Erde und Mars.

Die Bahnen sind maßstäblich gezeichnet. Sie liegen auf der einen Seite
dichter beieinander als auf der anderen. Der Ort der Erde ist für jeden
Monatsersten eingezeichnet, der des Mars für jeden Monatsersten des Jahres
1926. Die neben der Verbindungslinie zweier gleichzeitiger Örter angegebene
Zahl ist die Entfernung der beiden Planeten zu diesem Zeitpunkt.

schen den beiden Körpern nimmt gleichmäßig ab bis zum November. Am 4. dieses Monats sind Mars und Erde in den angegebenen Stellungen. Zu dieser Zeit stehen Sonne, Erde und
Mars in einer geraden Linie, und ein Beobachter auf der Erde
sieht die Sonne und den Planeten in entgegengesetzten Rich-

tungen. Der Astronom beschreibt diese Sachlage durch die Feststellung, daß Mars sich in *Opposition* zur Sonne befindet. Wenn die Sonne im Westen untergeht, geht Mars im Osten auf und ist die ganze Nacht hindurch ein auffälliges Objekt am Himmel. In der Opposition des Mars am 4. November 1926 war Mars rund 69 Millionen km von der Erde entfernt.

Die Zwischenzeit von einer Opposition bis zur nächsten beträgt etwa 780 Tage. So war am 23. August 1924 eine Oppo-

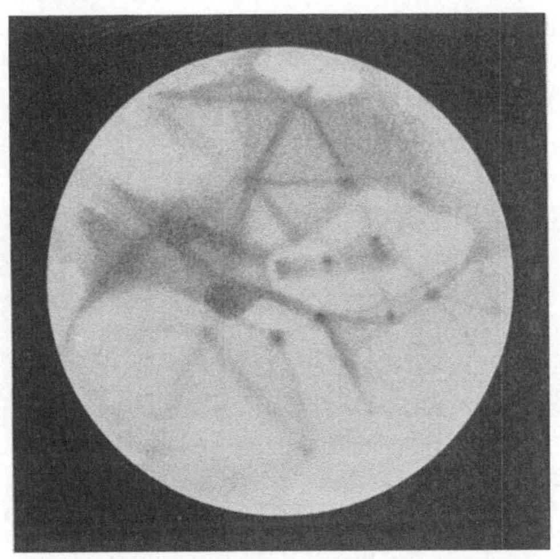

Abb. 64. Eine Marszeichnung.

Die Zeichnung stellt Mars dar, wie er im 91 cm-Fernrohr der Lick-Sternwarte in Californien am 29. August 1924 aussah. Der helle Fleck oben ist die Polkappe. Die dunkleren Gebiete, die im Fernrohr grünlich erscheinen, sind wahrscheinlich mit Vegetation bedeckt, die helleren (im Fernrohr rötlichen) sind wahrscheinlich Wüsten. Die geraden Streifen sind die „Kanäle".

sition, bei der Mars weniger als 56 Millionen km von der Erde entfernt war. In der Abbildung ist angegeben, wo die beiden Planeten damals standen. Das war die größte Annäherung der beiden Körper für viele Jahre in Vergangenheit und Zukunft. Die nächste Opposition nach der vom 4. November 1926 fand 780 Tage später statt, nämlich am 21. Dezember 1928 bei einer Entfernung von 88 Millionen km.

Das Aussehen des Mars im Fernrohr.

Wenn Mars weit von der Erde entfernt ist wie im Januar 1926, ist er nicht sehr hell — ungefähr ebenso hell wie der Polarstern; aber in der Erdnähe wird er eins der hellsten Objekte am Himmel. Sein feuriges Licht ist von rötlicher Farbe, und es ist nicht verwunderlich, daß er nach dem Kriegsgott benannt worden ist.

Wenn man ein großes Fernrohr auf Mars richtet, sieht man interessante Einzelheiten auf seiner Oberfläche. Er ist hierin ganz anders als Merkur oder Venus, auf denen wir überhaupt nichts Bestimmtes erkennen können. Abb. 64 ist eine Zeichnung, die im Jahre 1924 auf dem Lick-Observatorium in Californien gemacht worden ist. Eine Reihe von

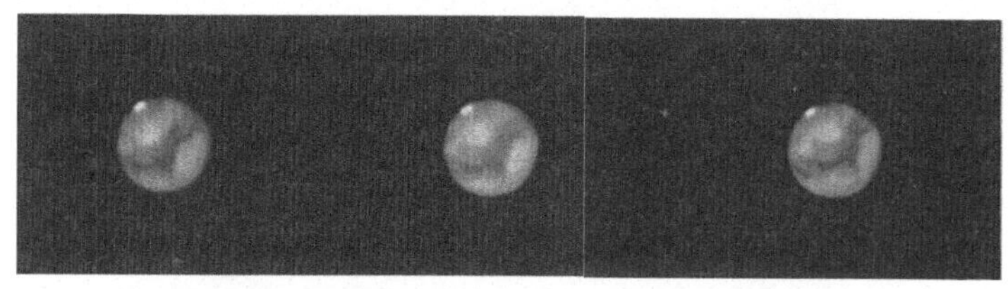

Abb. 65. Drei Aufnahmen, die die Rotation erkennen lassen.
Die drei Bilder sind (in der Reihenfolge von rechts nach links) um 21.24 Uhr, 22.24 Uhr und 22.46 Uhr aufgenommen. In der Zwischenzeit von 1 Stunde und 22 Minuten zwischen der ersten und der dritten Aufnahme ist die Achsendrehung des Planeten deutlich zu erkennen.

Einzelheiten der Oberfläche sind deutlich sichtbar. Wenige Stunden später sieht das Bild schon etwas anders aus. Das zeigt Abb. 65. Das rechte der drei Bilder wurde 21.24 Uhr aufgenommen, das mittlere 22.24 Uhr und das linke um 22.46 Uhr. Zwischen der ersten und der letzten Aufnahme ist ein deutlicher Unterschied erkennbar, hervorgerufen durch die Drehung des Planeten während der 82 Minuten, die zwischen den beiden Aufnahmen vergangen sind.

Durch Beobachtung der Oberflächenmerkmale ist die zu einer vollen Umdrehung nötige Zeit bestimmt worden. Sie beträgt 24 Stunden, 37 Minuten, 22,6 Sekunden. Das ist die Länge eines Tages auf dem Mars.

Der Planet hat auch Jahreszeiten, aber sie sind beinahe doppelt so lang wie die irdischen. Sie sind auch viel kälter, da Mars anderthalbmal so weit von der Sonne entfernt ist, die ja die Quelle aller Wärme ist, die Mars und Erde empfangen. Während des langen Winters sinkt die Temperatur sehr tief, so daß Wesen von ähnlicher Art wie wir dort kaum leben könnten.

Mars sieht im Sommer und im Winter ganz verschieden aus, wie das die Abb. 66 und 67 zeigen. Von den beiden Zeichnungen der Abb. 66 ist die eine im Marswinter, die andere im Marssommer gemacht. Abb. 67 enthält photographische Auf-

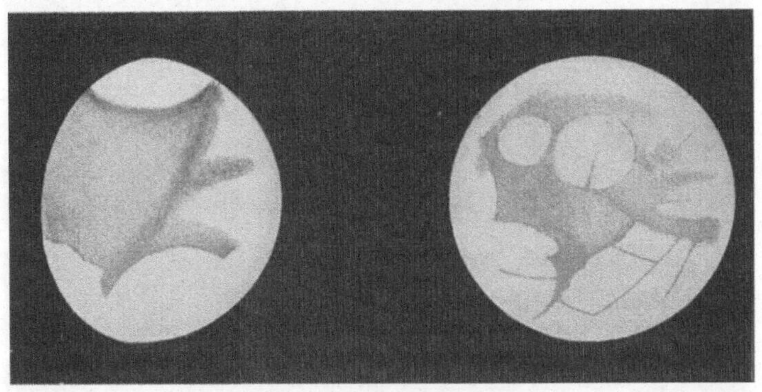

Abb. 66. Zwei Bilder des Mars, die die jahreszeitlichen Veränderungen zeigen. Das Bild links ist eine Winteransicht; das rechte Bild zeigt denselben Teil der Marsoberfläche während des Marssommers. Die im Winter sichtbare Polkappe ist im Sommer verschwunden, dafür sind andere Merkmale sichtbar geworden.

nahmen von der Jahreszeit an, die unserem Mai entspricht, bis in den Marssommer hinein. Der Wechsel im Aussehen der Oberfläche ist unverkennbar. Die große Polkappe, die vielleicht aus Schnee besteht oder auch eine Wolkenkappe sein kann, löst sich auf und verschwindet beinahe, während die Merkmale am Äquator sich ausdehnen und dunkler werden.

Die Marskanäle.

Vor etwa fünfzig Jahren haben Astronomen einige zarte Linien auf dem Mars entdeckt, die man *Kanäle* genannt hat.

Abb. 68 zeigt vier Ansichten des Planeten nach Zeichnungen
von Lowell. Die dünnen geraden Linien sind die Kanäle. Die
in diesen Zeichnungen heller gehaltenen Teile der Oberfläche
erscheinen im Fernrohr rötlich und die dunkleren Teile grünlich. Man hält die hellen Gebiete für Wüsten und die dunklen
für Pflanzenwuchs irgendwelcher Art. Manche Leute halten
diese geraden Linien auch für wirkliche Kanäle, die von intel-
ligenten Wesen auf dem Mars angelegt worden sind, aber die
meisten Astronomen bezweifeln das sehr. Nach ihrer Mei-

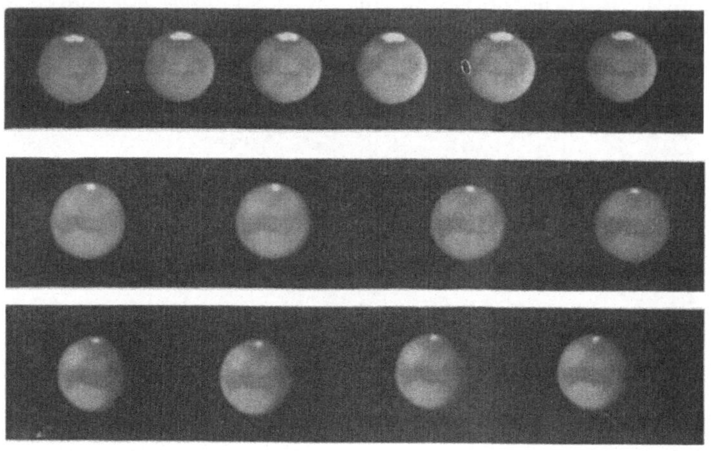

Abb. 67. Marsphotographien, die den Übergang vom Frühling zum Sommer
zeigen.
Das Marsbild auf der photographischen Platte ist sehr klein, so daß es kaum
möglich ist, scharfe Bilder in so großem Maßstabe zu erhalten, daß man Einzelheiten auf ihnen erkennen kann. Die Bilder zeigen aber doch deutliche
Veränderungen im Verlaufe des Marsjahres.

nung verdanken die „Kanäle" ihre „Entdeckung" einer opti-
schen Täuschung, die zustande kommt, wenn sich das Auge
bemüht, kaum noch sichtbare Einzelheiten aufzufassen und
zu ordnen.

Ein interessanter Vergleich von Photographien mit einer
Zeichnung, die zur selben Zeit gemacht ist, ist in Abb. 69 gegeben. Die Bilder 1, 2 und 3 sind Aufnahmen, die in der gewöhnlichen Weise — mit einer Kamera am Ende eines Fernrohrs — hergestellt sind. Zu gleicher Zeit wurde die Zeich-

84

nung 4 gemacht. Dann wurde diese Zeichnung in solcher
Entfernung von der Kamera aufgestellt, daß sie bei einer
photographischen Aufnahme (natürlich durch das Fernrohr)
ein ebenso großes Bild gab wie der Planet am Himmel. Das
so erhaltene Bild ist 5. Es sieht genau so aus wie die Aufnahmen 1, 2 und 3.

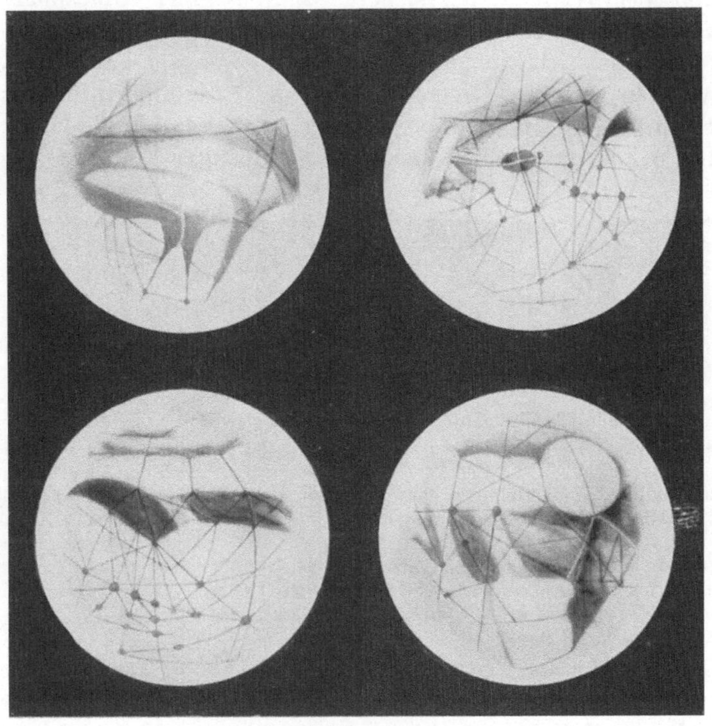

Abb. 68. Vier Marszeichnungen (Lowell).

Die Bilder zeigen die vier „Seiten" des Mars, die wir nacheinander zu sehen
bekommen, während der Planet sich um seine Achse dreht. Eine Umdrehung
dauert 24 Stunden 37 Minuten.

Die Marsatmosphäre.

Da wir bis auf die wirkliche Marsoberfläche sehen können,
muß die Marsatmosphäre offenbar dünn und durchsichtig
sein, nicht dicht und undurchsichtig wie bei Venus. Bei ge-

nauer Beobachtung durch viele Jahre hindurch sind gelegentlich Anzeichen für eine dünne Bewölkung gefunden worden,
die allgemeine Meinung der Beobachter geht aber dahin, daß
auf dem Mars fast immer schönes Wetter ist — ohne atmo-
sphärische Störungen von der Art der irdischen Unwetter.

In den Jahren 1924 und 1926 ist dann aber — in sehr
hübscher Weise — der sichere Nachweis einer Atmosphäre
gelungen. W. H. Wright von der Lick-Sternwarte in Californien hat sich einige Jahre lang mit der Frage beschäftigt,
wie man entfernte Gegenstände auf der Erde mit Hilfe eines
Fernrohrs am besten photographiert. Er fand, daß die besten
Bilder zustande kamen, wenn er ein tiefrotes Filter vor die

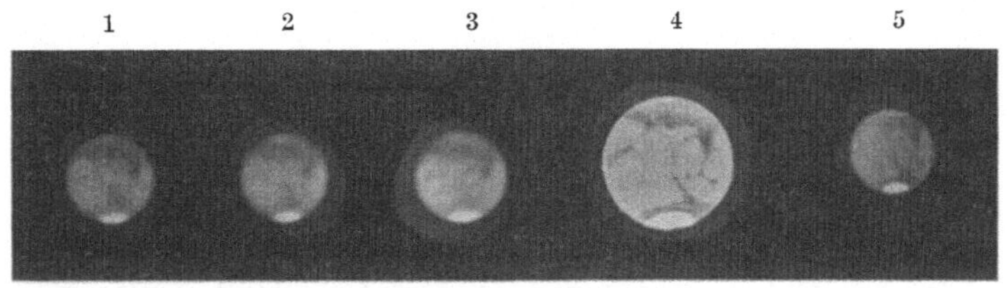

Abb. 69. Marsphotographien und eine gleichzeitige Zeichnung.

Selbst wenn Mars der Erde am nächsten ist, ist sein Bild auf der photographischen Platte sehr klein, und es ist unmöglich, so die feinen Einzelheiten
zu erhalten, die man in einem Fernrohr sehen kann. In dieser Abbildung sind
die ersten drei Bilder photographische Aufnahmen, das vierte ist eine Zeichnung, die zur gleichen Zeit gemacht wurde, und die fünfte ist eine photographische Aufnahme dieser Zeichnung aus so großer Entfernung, daß sie
im Fernrohr ebenso groß erschien wie der Planet selbst. Sie sieht fast genau
so aus wie die direkten Aufnahmen des Planeten.

photographische Platte legte. Auf diese Weise kam bei der
Entstehung des Bildes auf dem Negativ nur rotes Licht zur
Geltung. Wenn er ein blaues oder violettes oder überhaupt
kein Filter verwandte, blieben viele Einzelheiten aus.

Das wird sehr gut durch die beiden Bilder in Abb. 70 ver-
anschaulicht. Sie sind vom Gipfel des Mount Hamilton aus
aufgenommen, auf dem das Lick-Observatorium liegt. Die
Stadt San José liegt 22 km entfernt in dem berühmten Santa
Clara-Tal. Das rechte Bild ist mit rotem Lichte aufgenommen. Man kann darauf sowohl die Stadt wie auch die Bäume
und Straßen im Tal deutlich erkennen. Das linke Bild ist mit

86

violettem Licht aufgenommen. Hier ist nur der Höhenzug in der Nähe des Observatoriums zu sehen, das weiter entfernte Tal ist ein verschwommenes Nebelmeer.

Weißes Licht enthält, wie wir wissen, Strahlen von allen Farben. Es scheint nun, daß die roten Strahlen frei durch die Atmosphäre hindurchgehen, während die anderen Strahlen von ihr verschluckt werden.

Als Mars im Jahre 1924 der Erde besonders nahe kam, kam Wright auf den Gedanken, ihn in rotem und violettem Lichte zu photographieren. Die Ergebnisse waren überraschend.

Abb. 70. Aufnahmen einer entfernten Landschaft in rotem und in violettem Licht.
Das linke Bild wurde mit einem Filter vor der photographischen Platte hergestellt, das nur violettes Licht auf die Platte kommen ließ; das rechte ist mit einem roten Filter gemacht. Es sind Aufnahmen der Stadt San José, die 22 km vom Gipfel des Mount Hamilton, auf dem die Lick-Sternwarte liegt, entfernt ist.

Einige der erhaltenen Aufnahmen sind in den Abb. 71 und 72 wiedergegeben. A ist immer das in violettem, B das in rotem Lichte aufgenommene Bild. Man sieht auf den roten Bildern Einzelheiten, die auf den violetten Bildern gänzlich fehlen.

Es zeigt sich noch etwas. Die violetten Bilder sind deutlich größer als die roten.

Warum? Man erklärt das so: Der Planet ist von einer Atmosphäre umgeben. Wenn nun das Sonnenlicht auftrifft,

sind die violetten Strahlen nicht imstande, die Atmosphäre zu
durchsetzen und die Oberfläche zu erreichen. Sie werden vielmehr von der Atmosphäre zurückgeworfen, und wenn sie in
der Kamera ankommen, ergeben sie eine Abbildung der Atmosphäre, aber nicht der Oberfläche des Planeten. Die roten

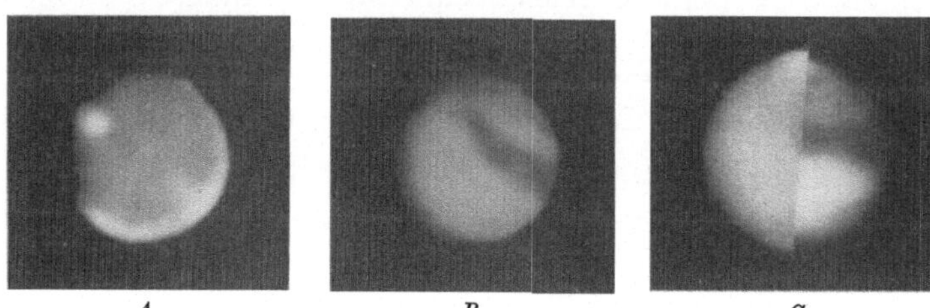

A   B   C

Abb. 71. Marsphotographien in violettem und rotem Licht.

A mit violettem Licht; *B* mit rotem Licht; *C* aus je einer Hälfte von
beiden Aufnahmen zusammengesetzt, wodurch man sieht, daß das violette
Bild deutlich größer ist. Man schließt hieraus, daß Mars eine ausgedehnte
Atmosphäre hat.

Strahlen hingegen gehen glatt durch die Atmosphäre hindurch bis zur Oberfläche und kommen ebenso unbehindert
wieder zurück. Wenn sie die Kamera erreichen, geben sie ein
Bild der Oberfläche.

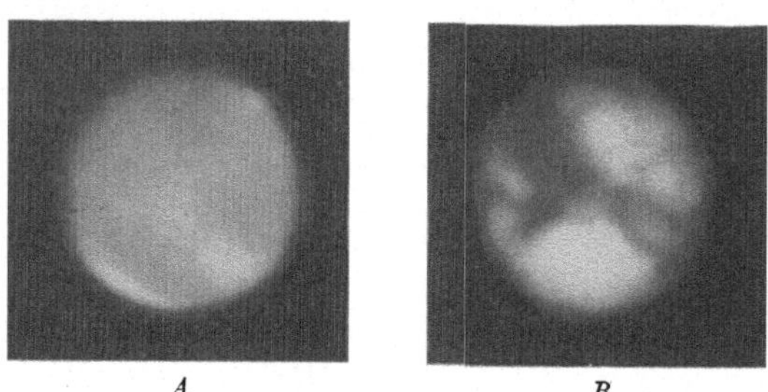

A   B

Abb. 72. Weitere Aufnahmen in violettem und rotem Licht.

Das rote Bild (*B*) ist kleiner und zeigt mehr Einzelheiten als das violette
Bild (*A*).

Wenn man ein halbes violettes Bild neben ein halbes rotes
legt (Abb. 71 *C*), sieht man deutlich, daß das violette größer
ist. Durch Messung hat sich denn auch ergeben, daß der
Durchmesser des violetten Bildes etwa 5,7% größer ist als

der des roten Bildes. Da nun das rote Bild eine Abbildung der Oberfläche zu sein scheint, so müssen die überschüssigen 5,7% von der Atmosphäre herrühren, die den Planeten umgibt. Der Halbmesser des Planeten beträgt 3400 km, 5,7% davon sind rund 200 km, und das muß also die Höhe der Atmosphäre sein.

Man beachte den eigentümlichen „Auswuchs" auf Abb. 71 *A*. Das ist eine besonders große Wolke, *B* zeigt keine Spur davon.

So hat, was zunächst nur photographische Liebhaberei war, zu wichtigen astronomischen Ergebnissen geführt.

Ist der Mars bewohnbar?

Die Winter auf dem Mars sind, wie wir schon festgestellt haben, außerordentlich kalt. Wie steht es aber mit den Sommern? In den allerletzten Jahren ist es gelungen, ein Instrument, das als Thermo-Element bezeichnet wird, so empfindlich und genau zu machen, daß man damit wahrhaftig die Wärme messen kann, die Mars der Erde zustrahlt, und daraus kann man die Temperatur verschiedener Teile der Planetenoberfläche errechnen. Es zeigt sich, daß die Temperatur der voll beleuchteten Oberfläche ungefähr einem kühlen Tag auf der Erde entspricht mit Temperaturen zwischen 7° und 18°. Es ist also durchaus möglich, daß einiges Pflanzen- und vielleicht auch tierisches Leben auf dem Mars vorhanden ist.

In einer vor Jahren erschienenen Erzählung werden die Marsbewohner als geistig sehr vorgeschrittene Wesen geschildert, deren Gehirn sich so ausgedehnt hat, daß ihre Köpfe mehr als einen Meter Durchmesser haben. Ihre Körper sind dagegen fast zu einem Nichts zusammengeschrumpft, und ihre Beine sind nur noch dünne geißelförmige Fühler. Daß die ganze Geschichte frei erfunden ist, versteht sich wohl von selbst, die Schilderung paßt sich aber den wirklichen Verhältnissen an.

Die Schwerkraft, die alle Körper nach unten, nach dem Mittelpunkt der Erde oder irgendeines anderen Planeten zu ziehen trachtet, ist nämlich auf dem Mars viel kleiner als auf der Erde. Sie ist nur $^2/_5$ so groß. Ein Körper, der auf der

Erde 100 Pfund wiegt, wenn man ihn mit einer Federwaage
wägt, würde auf dem Mars, in derselben Weise gewogen, nur
40 Pfund wiegen. Wenn es einem Erdbewohner möglich
wäre, den Mars zu besuchen, würde es ihm sehr leicht werden, sich aus liegender Stellung zu erheben, und wenn er auf
der Erde 4 m springen könnte, würde er es auf dem Mars
auf 10 m bringen. Einem Marsmenschen würde es auf der

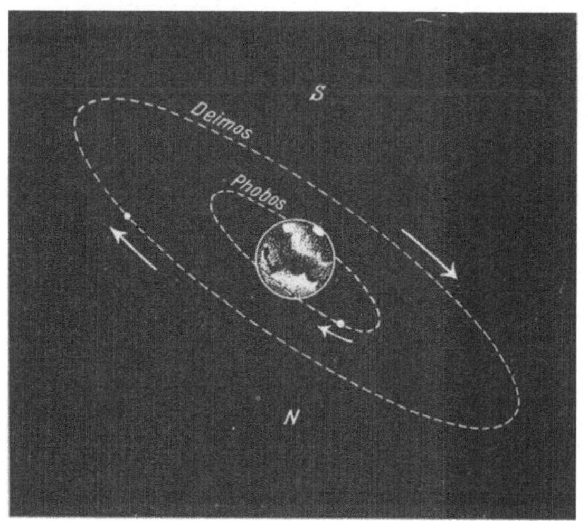

Abb. 73. Die Bahnen der Marsmonde.

Der innere Mond läuft in 7 St. 39 Min., der äußere in 30 St. 18 Min. um
Mars herum, während der Planet selbst sich in 24 St. 37 Min. (in derselben
Richtung) um seine Achse dreht. So umkreist der innere Mond seinen Planeten dreimal in einem Marstag. Er bewegt sich so schnell, daß er im Westen
auf- und im Osten untergeht.

Erde umgekehrt gehen. Es würde ihm wahrscheinlich unmöglich sein, aus dem Liegen oder Sitzen auf die Beine zu
kommen.

Die Monde des Mars.

Mars hat zwei kleine Monde (Abb. 73). Sie wurden im
Jahre 1877 von dem amerikanischen Astronomen Asaph
Hall entdeckt. Im Sommer jenes Jahres kam Mars der Erde

sehr nahe, wenn auch nicht ganz so nahe wie 1924, und es traf sich, daß gerade damals das größte Fernrohr der Welt mit einem Durchmesser von 65 cm in Washington aufgestellt worden war. Nacht für Nacht im Monat August durchforschte Hall den Himmel um den Planeten herum, um vielleicht einen oder mehrere Monde zu finden, die ihn umkreisen. Er war schon im Begriff, das Suchen aufzugeben, aber seine Frau ermunterte ihn, noch etwas weiterzusuchen. Das tat er, und in der Nacht des 11. August entdeckte er wirklich einen Mond und sechs Tage später einen zweiten.

Diese Monde haben die Namen Deimos und Phobos erhalten. So heißen in den Dichtungen Homers die Pferde, die den Wagen des Mars, des Kriegsgottes, ziehen. Sie haben nur wenige Kilometer Durchmesser und leuchten sehr schwach. Sie sind sehr nahe bei ihrem Planeten und umkreisen ihn sehr schnell — Phobos, der nähere, in 7 Stunden 39 Minuten und Deimos, der fernere, in 30 Stunden 18 Minuten. Man stelle sich das vor: Phobos läuft dreimal um Mars herum, während der Planet sich einmal um seine Achse dreht. Er geht tatsächlich im *Westen* auf und im *Osten* unter. Er ist der einzige Mond, der sich so verhält. Unser Mond braucht vier Wochen, um die Erde zu umkreisen.

Siebentes Kapitel.

Jupiter — Saturn — Uranus — Neptun — Pluto.

Jupiter.

Bisher haben wir uns mit den vier inneren Planeten beschäftigt — mit den Mitgliedern der Familie der Sonne, die sich immer verhältnismäßig nahe bei dem großen Körper aufhalten, um den sie sich bewegen. Sie sind alle verhältnismäßig klein und bestehen aus schweren oder dichten Stoffen. Jetzt wollen wir weiter in den Raum hinausreisen und die anderen Mitglieder der Familie betrachten, wie sie in ungeheuren Abständen von der großen Sonne ihre Bahnen beschreiben.

Der erste, den wir erreichen, ist der mächtige Jupiter, der größte aller Planeten. Seine Entfernung von der Sonne ist 5,2 mal so groß wie die der Erde oder 778 Millionen km, und er braucht fast zwölf unserer Jahre, um einen einzigen Umlauf zu vollenden, obwohl er unausgesetzt mit einer Geschwindigkeit von 13 km in der Sekunde dahineilt.

Jupiter im Fernrohr.

Jupiter bietet in einem kleinen Fernrohr einen sehr reizvollen Anblick, wie er so da oben am Himmel hängt (Abb. 74).

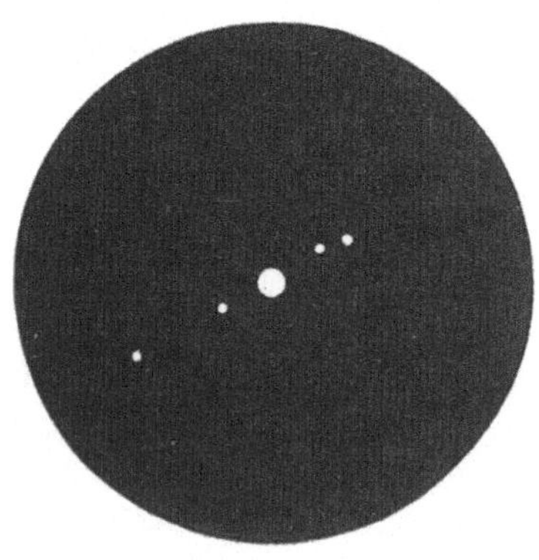

Abb. 74. Jupiter in einem kleinen Fernrohr.
Die vier Monde stehen in einer Reihe. Jupiter hat noch sieben weitere Monde, sie sind aber nur in großen Fernrohren zu sehen.

Neben der großen Scheibe des Planeten sieht man vier funkelnde Sternchen, die auf einer geraden Linie durch Jupiter liegen wie Perlen, die auf einer gespannten Schnur aufgereiht sind. Das sind Satelliten oder Monde. Diese Monde waren die ersten Objekte am Himmel, die Galilei 1610 mit seinem neu erfundenen Fernrohr entdeckte. Sie sind gerade eben jenseits der Sehkraft des bloßen Auges, können aber mit einem guten Feldstecher, wenn er ruhig gehalten wird, gesehen werden.

Durch ein größeres Fernrohr sieht man interessante Streifen und andere Merkmale auf dem Planeten (Abb. 75), und man erkennt auch, daß Jupiter keine vollkommene Kugel, sondern an den Polen entschieden abgeplattet ist. Die Abbildung zeigt es deutlich. Wirkliche Messungen ergeben, daß der polare Durchmesser nur 133 000 km lang ist, während der äquatoriale 143 000 km beträgt.

Warum ist Jupiter so abgeplattet? Wir werden vermuten,

daß er sich sehr schnell um seine Achse dreht, und das ist
auch der Fall. Er dreht sich tatsächlich in 9 Stunden 55 Minuten einmal herum. Ein Punkt auf seinem Äquator legt in
der Stunde mehr als 45000 km zurück!

Die Masse des Jupiter.

Jupiter enthält so viel Stoff, daß man 317 Erden aus ihm
machen könnte, aber er ist nicht so dicht wie die Erde, nur

Abb. 75. Jupiter in einem großen Fernrohr.

Große Instrumente enthüllen merkwürdige Einzelheiten in den Streifen, und
die braunen und grünlichen Farbtöne der Oberfläche geben ein schönes Bild.
Der Anblick ändert sich in 2 bis 3 Stunden vollständig, da sich der Planet
in weniger als 10 Stunden um seine Achse dreht. Wie die Abbildung zeigt,
ist die Abplattung an den Polen unverkennbar.

ungefähr $\frac{1}{4}$ so dicht. Das ist etwa die Dichte der Sonne, und
es ist gelegentlich die Meinung geäußert worden, daß Jupiter
sehr heiß sein müßte. Er sendet indessen kein eigenes Licht
aus; wir sehen ihn nur, weil er von den Sonnenstrahlen beleuchtet wird. Überdies haben kürzlich Messungen ergeben,
daß die Temperatur seiner Oberfläche sehr niedrig ist.

Die Bewegungen der Jupitermonde.

Für den Besitzer eines kleinen Fernrohres ist es eine nette
Aufgabe, seine vier großen Monde zu verfolgen (im ganzen
sind elf Jupitermonde bekannt, die übrigen sieben sind aber
sehr lichtschwach!). Sie werden in der Reihenfolge ihrer Entfernung von dem Planeten mit den Nummern I, II, III, IV
bezeichnet. Sie sind alle größer als unser Mond, und ihre
Umlaufszeiten sind der Reihe nach 42 Stunden, 3½ Tage,
7 Tage und 16½ Tage. Es ist sehr interessant, sie bei ihren

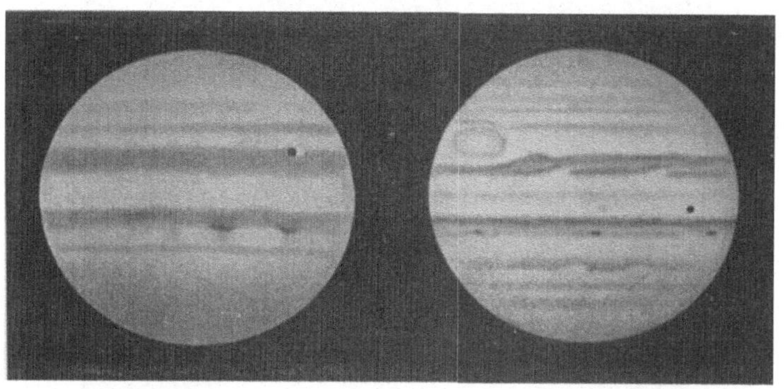

Abb. 76. Vorübergang eines Mondes mit seinem Schatten vor der Jupiter-
scheibe.

In beiden Bildern sieht man den Mond mit seinem Schatten vor dem Planeten
vorüberziehen. Der dunkle, runde Fleck ist der Schatten, den der Mond auf
die Planetenoberfläche wirft. Auf dem linken Bilde steht der Mond dicht
neben seinem Schatten, beide heben sich deutlich gegen einen dunklen Streifen des Planeten ab. Der Planet ist hier so gezeichnet, wie er in astronomischen Fernrohren erscheint: oben ist Süden. Der Mond und sein Schatten
treten am rechten Rand ein und wandern nach links über die Scheibe. Als
die Zeichnung gemacht wurde, waren der Mond 16 und der Schatten 22 Minuten vor der Planetenscheibe.
Auf dem rechten Bilde ist der Schatten rechts deutlich sichtbar. Der Mond
selbst steht etwas rechts von der Mitte der Scheibe. Infolge des geringen Kon-
trastes zwischen ihm und dem hellen Streifen fällt er nicht gerade in die
Augen. In diesem Falle standen der Mond bereits 66 und der Schatten 21 Minuten vor dem Planeten, als die Zeichnung gemacht wurde.

Bewegungen um den Riesenplaneten zu verfolgen. Manchmal
gehen sie vor ihm vorbei und werfen einen Schatten auf seine
Oberfläche. Der Mond und sein Schatten ziehen langsam über
die Planetenscheibe und gleiten — scheinbar — an ihrem

94

Rande ab. Das zeigt Abb. 76, in der zwei Zeichnungen des
Jupiter nebeneinandergestellt sind. Auf der linken sieht man,
wie ein Mond und sein dunkler Schatten dicht beieinander
über die Scheibe wandern. In dem Bilde rechts ist der dunkle,
runde Schatten in der Nähe des rechten Randes leicht zu
sehen, da er vor einem hellen Streifen auf dem Planeten steht.

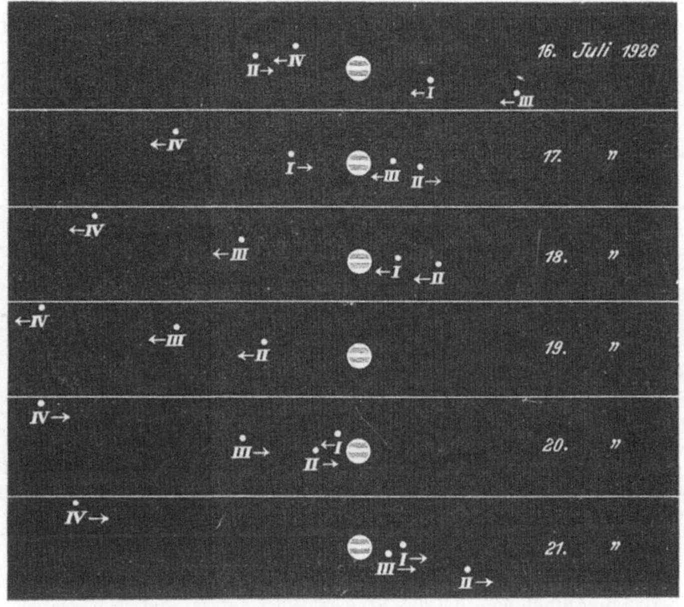

Abb. 77. Jupiter und seine Monde an 6 aufeinanderfolgenden Tagen.
In der Mitte steht der Planet, die Punkte bedeuten die 4 großen Monde.
Ihre Entfernungen von dem Planeten und ihre Umlaufszeiten stellen wir
hier zusammen: I 421300 km, 1 Tag $18^1/_2$ Stunden; II 670500 km, 3 Tage
13 Stunden; III 1069300 km, 7 Tage 4 Stunden; IV 1881000 km, 16 Tage
17 Stunden. Die Stellung der Monde ist in der Abbildung für dieselbe Nacht-
stunde jedes Tages vom 16. bis 21. Juli 1926 gegeben. Der Pfeil gibt die
Richtung an, in der sich der Satellit bewegt. Es ist sehr interessant, die
Bewegung der Monde von Tag zu Tag zu verfolgen.

Der Mond selbst, der den Schatten wirft, steht genau links
von dem Schatten, etwas rechts vom Mittelpunkt der Scheibe.
Man kann ihn kaum sehen, weil er hell ist und vor einem
hellen Streifen steht.

Auf diesem Bilde ist auch über dem äquatorialen Band
nahe dem linken Rande der Scheibe ein elliptisches Gebilde
sichtbar. Das ist der *große rote Fleck.* Er wurde zuerst im
Jahre 1878 bemerkt und war mehrere Jahre hindurch sehr
auffällig. In seiner Glanzzeit war er 50000 km lang und
11000 km breit. Jetzt ist er verblaßt, aber die Höhlung, in
der er lag, ist noch sichtbar.

In Abb. 77 sind die Stellungen der Monde für dieselbe
Stunde an sechs aufeinanderfolgenden Tagen im Juli 1926
gegeben. Der Pfeil gibt bei jedem Satelliten an, in welcher
Richtung er sich bewegt, und man kann die Bewegung jedes
einzelnen von Tag zu Tag leicht verfolgen.

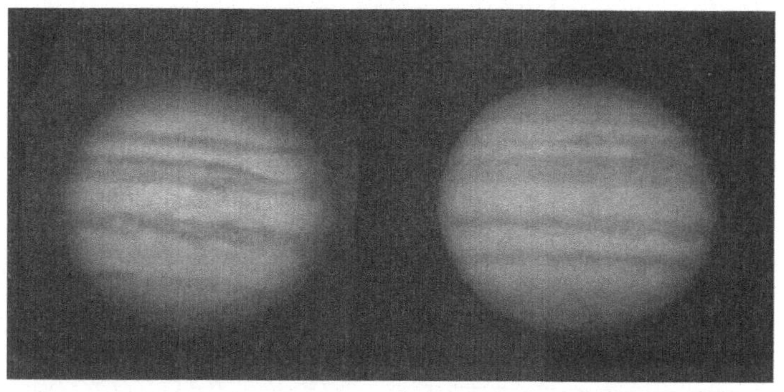

Abb. 78. Photographische Aufnahmen des Jupiter.
Auf diesen Aufnahmen, die aus verschiedenen Jahren stammen, treten die
Veränderungen des Streifensystems fast ebenso deutlich hervor wie auf guten
Zeichnungen an großen Instrumenten.

Photographische Aufnahmen des Jupiter.

Es gibt einige ausgezeichnete photographische Aufnahmen
von Jupiter, obwohl er selbst in seiner größten Erdnähe mehr
als 590 Millionen km entfernt ist. Abb. 78 zeigt zwei Bilder,
die 1915 und 1917 am Lowell-Observatorium aufgenommen
sind. Die Streifen und einige andere Einzelheiten auf der
Oberfläche sind gut zu erkennen. Auf dem linken Bilde ist
rechts oben am Rande oberhalb des Äquatorgürtels die Aus-
buchtung zu sehen, in der der große rote Fleck lag.

96

Wright hat auch einige Jupiteraufnahmen in ultraviolettem und ultrarotem Lichte gemacht. Zwei solcher Aufnahmen mit einer Zwischenzeit von 1 Stunde 16 Minuten zeigt Abb. 79. Wie bei Mars ist das rote Bild kleiner als das andere und zeigt einige Züge, die auf dem violetten Bilde nicht erscheinen. In der Zeit zwischen den beiden Aufnahmen hat der Planet eine Achteldrehung um seine Achse ausgeführt; die Drehung erfolgt, wie man aus den Bildern erkennt, von rechts nach links. Das Loch des roten Flecks erscheint gerade auf dem violetten Bilde; auf dem anderen ist es in der Nähe der Scheibenmitte, ist aber nicht sichtbar.

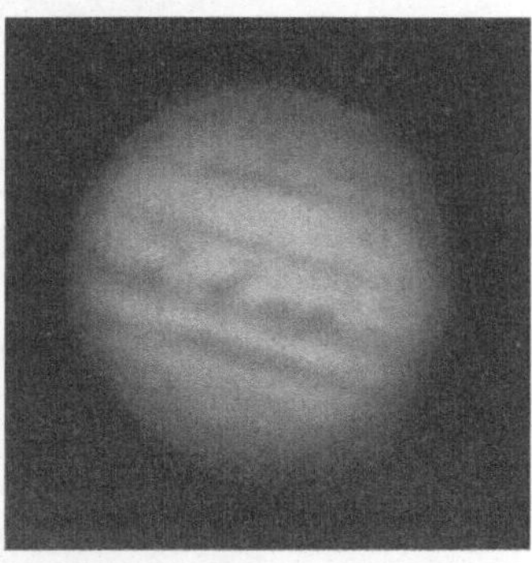

Abb. 79. Jupiteraufnahmen in violettem und rotem Licht.

Das linke Bild ist im violetten, das rechte im roten Licht aufgenommen. Die zweite Aufnahme ist 1 Stunde 16 Minuten nach der ersten gemacht (am 18. Oktober 1926), der Planet hat sich inzwischen um 45° gedreht. Die Drehung erfolgt von rechts nach links. Die Bucht, in der der rote Fleck früher lag, kommt auf dem linken Bilde gerade von rechts herein; auf dem rechten Bilde ist sie in der Mitte, aber unsichtbar. Das violette Bild ist wieder größer. Die Abplattung des Planeten ist deutlich zu erkennen.

Saturn.

Das nächste Glied des Sonnensystems, wenn wir weiter hinauswandern, ist das merkwürdigste in der ganzen Familie. Es ist der Planet Saturn (Abb. 80). In einer Entfernung von 1426 Millionen km, dem 9½fachen der Erdentfernung, durchläuft er seine Bahn mit einer Geschwindigkeit von 10 km in der Sekunde und vollendet einen Umlauf in 29½ Jahren.

Seine große gestreifte Kugel ist von einem wunderbaren System von Ringen umgeben, und während er majestätisch in seiner vorbestimmten Bahn dahinrollt, wird er von neun Satelliten begleitet, die ihn unaufhörlich umkreisen, einige ganz nahe, andere in großer Entfernung, wie eine Leibgarde, die ihn gegen im Raum lauernde Feinde schützen soll.

Der Äquatordurchmesser der Kugel ist 121 000 km lang, der Polardurchmesser ist etwa 13 000 km kürzer. Saturn ist

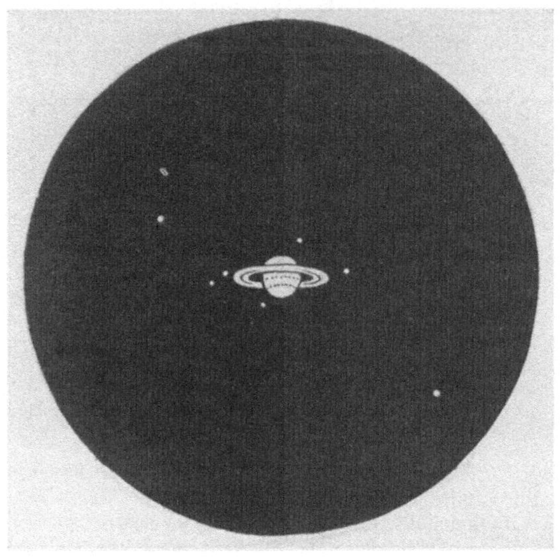

Abb. 80. Saturn und seine Monde in einem kleinen Fernrohr.
Saturn mit seinen seltsamen Ringen und seiner großen Familie von Monden ist im Fernrohr ein außerordentlich reizvolles Bild.

also an den Polen stark abgeplattet, was wieder auf eine schnelle Achsendrehung schließen läßt. Es ist auch so, er vollendet eine Umdrehung in 10 Stunden 14 Minuten.

Der Stoff, aus dem Saturn besteht, ist ungefähr so schwer wie trockenes Eichen- oder Ahornholz; der Planet würde also auf dem Wasser schwimmen, wenn es einen Ozean von der nötigen Größe gäbe. Alle anderen Planeten würden untergehen.

Die Ringe des Saturn.

Das System besteht, wie Abb. 81 deutlich zeigt, aus drei Ringen. Der äußere ist von dem mittleren, der breiter und heller als der erste ist, durch einen dunklen Zwischenraum getrennt, und der innerste Ring ist viel schwächer als die beiden anderen.

Der äußere Durchmesser des äußeren Ringes beträgt 275 000 km, während seine Dicke wahrscheinlich nicht größer als 20 km ist. Wenn man ein Blatt dünnstes Seidenpapier nimmt und eine kreisrunde Scheibe von 27 cm Durchmesser

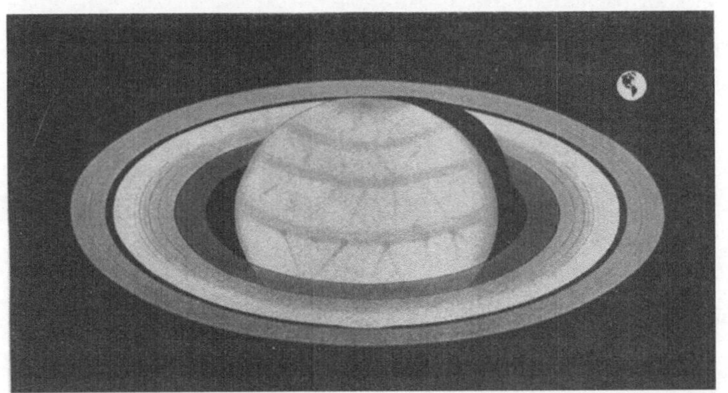

Abb. 81. Eine Zeichnung des Saturn.

Man sieht die große Kugel mit ihren Gürteln und der besonderen Zeichnung in der Äquatorzone und auch das wunderbare Ringsystem. Der äußere Ring hat einen äußeren Durchmesser von 275 000 km und ist etwa 15 000 km breit. Die Cassinische Trennung zwischen ihm und dem mittleren Ring ist 5000 km breit. Der mittlere Ring hat einen äußeren Durchmesser von 235 000 km und ist 25 000 km breit. Er ist durch einen schmalen Zwischenraum von dem innersten, dem „Krepp"ring, getrennt, der 18 000 km breit ist.

ausschneidet, die die Größe der Ringe darstellen soll, dann gibt die Dicke des Papiers die Dicke der Ringe im richtigen Verhältnis wieder.

Woraus bestehen diese Ringe?

Sie setzen sich aus einzelnen kleinen Körpern zusammen, aus kleinen oder großen Steinen, die so dicht beieinander sind, daß nur wenig Licht zwischen ihnen hindurchkommen

kann. Diese Körper umkreisen die Planetenkugel wie ein
dichter Schwarm von Monden, aber jeder unabhängig von den
anderen.

Ring-Phasen.

Während der Planet sich um die Sonne bewegt, zeigt der
Ring verschiedene Phasen (Abb. 82). Wenn entweder die Erde
oder die Sonne in der Ebene der Ringe steht, werden sie unsichtbar. Das tritt alle $14^3/_4$ Jahre ein. Sie entschwanden un-

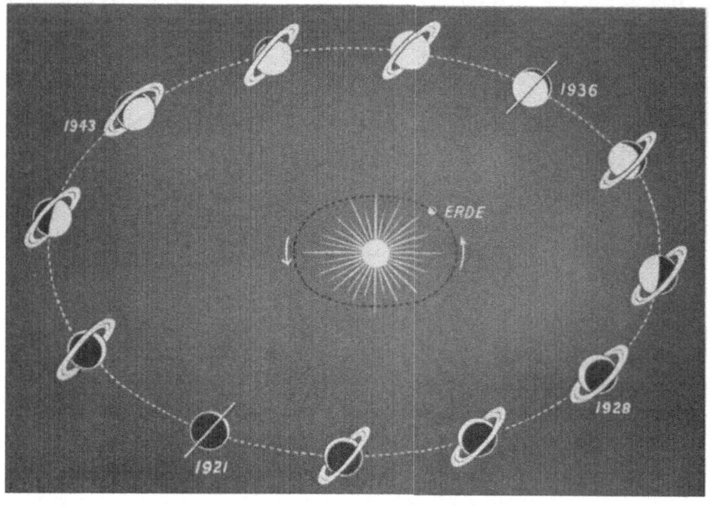

Abb. 82. Die Phasen der Saturnringe.

Während des Umlaufs des Planeten um die Sonne in $29^1/_2$ Jahren kehren
die Ringe zweimal der Sonne und der Erde ihre Kante zu. Zu diesen Zeiten
werden die Ringe unsichtbar. Die Jahre, in denen das eintritt (ebenso die,
in denen die Ringe am weitesten geöffnet sind), sind in der Zeichnung angegeben.

serem Blick in den Jahren 1921 und 1936, und sie werden
1950 wieder unsichtbar sein.

Obgleich Saturn auch in seiner Erdnähe noch 1300 Millionen km entfernt ist, sind doch einige sehr schöne Aufnahmen von ihm gemacht worden. In Abb. 83 sind drei nach Ne-
gativen des Lowell-Observatoriums wiedergegeben. Sie zeigen
die Phasen deutlich.

Für das bloße Auge gibt Saturn ein mattes, ruhiges Licht.
Venus ist so glänzend, daß sie eigentlich nicht zu verwechseln
ist. Jupiter kommt ihr in Helligkeit am nächsten, und wenn
er auch viel schwächer ist, ist er doch noch heller als irgendein Fixstern. Bei seltenen Gelegenheiten kann Mars sogar heller sein als Jupiter, gewöhnlich ist er aber viel schwächer.
Durch sein rötliches Licht ist er aber leicht zu erkennen. Saturn erscheint als Stern erster Größe — ungefähr ebenso hell
wie Arktur oder Procyon. Aber er hat einen gelben Ton und
funkelt nicht. Die Planeten funkeln alle nicht, wenn sie nicht
gerade dicht über dem Horizont stehen.

Abb. 83. Aufnahmen des Saturn, die die Phasen der Ringe zeigen.
Die drei schönen Aufnahmen zeigen das Ringsystem in drei Phasen: weit
geöffnet, von der Kante gesehen und 1 Jahr später (Februar 1916, April 1921,
Mai 1922). Auf dem ersten Bilde sieht man die Cassinische Trennung und
den Schatten des Planeten auf den Ringen.

Uranus.

Viele Jahrhunderte lang glaubte man, daß Saturn der
fernste aller Planeten sei, und daß seine Bahn die äußerste
Grenze des Sonnensystems bilde; aber eine Aufsehen erregende
Entdeckung im Jahre 1781 zeigte, daß man noch einmal so
weit wie bis zur Saturnbahn gehen mußte, um an die Grenze
des Sonnenreiches zu kommen.

Am 13. März jenes Jahres durchforschte Wilhelm Herschel, ein in Bath in England wohnender, in Hannover ge-
borener Musiker, den Himmel mit einem Fernrohr, das er
selbst verfertigt hatte. Herschel war zu der Einsicht gekommen, daß er zum vollen Verständnis der Musiktheorie Algebra,

Geometrie und andere Zweige der Mathematik studieren müsse. Von hier aus wurde er zur Beschäftigung mit der Optik, der Lehre vom Licht, und dem Bau des Fernrohrs geführt; und als er mit einem kleinen Fernrohr einige Himmelsobjekte beobachtet hatte, stellte sich der Wunsch nach einem größeren ein. Er erkundigte sich nach dem Preis; es war mehr, als er bezahlen konnte, und so beschloß er, selber eins zu bauen.

Zwei Arten von Fernrohren.

Es gibt zwei verschiedene Arten von Fernrohren. Bei der einen wird eine Linse benutzt, um das von dem Himmelsobjekt kommende Licht zu sammeln; bei der anderen macht das ein Spiegel. Ein Fernrohr der ersten Art nennt man einen Refraktor; die Fernrohre, die man gewöhnlich sieht, sind von dieser Art. Ein Fernrohr der zweiten Art heißt Reflektor, weil das Licht von der Oberfläche des Spiegels zurückgeworfen (reflektiert) wird. Ein Spiegel ist viel leichter herzustellen als eine Linse, und so baute sich Herschel ein Spiegel-Teleskop (oder Reflektor). Es ist übrigens eine Lieblingsbeschäftigung des Amateur-Astronomen, sein Fernrohr selbst zu bauen, und es sind so schon viele gute Instrumente entstanden. Das Schleifen und Polieren eines Spiegels verlangt Geduld und Sorgfalt — und eine sehr feinfühlige und geschickte Hand, wenn der Spiegel gut werden soll.

In Abb. 84 sehen wir ein Teleskop, das sich ein amerikanischer Rechtsanwalt, der auch gerade damit beobachtet, gebaut hat. Der Spiegel sitzt im unteren Ende des Rohres, und das Okular, in das der Beobachter hineinsieht, befindet sich am anderen Ende. Das Rohr ist in diesem Falle aus verzinktem Eisenblech und ruht auf einem Holzgestell. Die größten Fernrohre der Welt sind Spiegelteleskope. Auf dem Mount Wilson in Californien steht eins von $2^{1}/_{2}$ m Durchmesser. Das war bisher das größte, muß aber jetzt diesen Titel an das neue Teleskop auf dem Mount Palomar (ebenfalls in Californien) abgeben, das einen Spiegel von 5 m Durchmesser hat. Das nächstgrößte befindet sich auf dem Dominion Astrophysical Observatory bei Victoria im westlichen Canada (Abb. 85). Es hat einen Durchmesser von 184 cm. Diese großen Instru-

mente sind Glanzleistungen der Ingenieurkunst. Sie sind sehr
massig und kompliziert, lassen sich aber leicht handhaben
und bewegen sich mit der Genauigkeit einer Uhr.

Abb. 86 zeigt das größte existierende Linsen-Fernrohr. Es
befindet sich auf dem Yerkes-Observatorium in Williams Bay,
das zur Universität Chicago gehört. Es hat einen Durchmesser
von 102 cm und ist etwa 20 m lang.

Das Teleskop, das Herschel an jenem Tage des Jahres 1781
benutzte, hatte 16 cm Durchmesser und war etwas über 2 m

Abb. 84. Ein Liebhaberastronom mit seinem Fernrohr.

Der Spiegel (keine Linse) des Fernrohrs befindet sich am unteren Ende des
Blechrohres, das durch eiserne Zwischenstücke auf einem hölzernen Pfahl
befestigt ist. Der Besitzer des Instruments beobachtet durch das Okular am
oberen Ende des Rohres.

lang. Er hatte die Gewohnheit, nach dem Unterricht oder
Konzert nach Hause zu eilen und den Rest der Nacht mit der
Beobachtung des Himmels zu verbringen. Gewöhnlich war er
von seiner Schwester Caroline begleitet, die aufzuzeichnen
pflegte, was er beobachtete.

Abb. 85. Das Spiegelteleskop des Astrophysikalischen Observatoriums in Victoria (Canada). Durchmesser des Spiegels: 184 cm.

Als er im Sternbild der Zwillinge einen Stern nach dem anderen musterte, kam er an einen, der ungewöhnlich aussah.

Abb. 86. Der große Refraktor der Yerkes-Sternwarte bei Chicago.
Das größte Linsenfernrohr der Welt. Der Durchmesser der Linsen beträgt 102 cm, die Brennweite 19 m.

In einem guten Fernrohr erscheinen die Fixsterne einfach als helle Punkte, aber dieser eine erschien seinem scharfen Auge größer — wie eine winzige Scheibe. Er versuchte es mit stär-

keren Vergrößerungen, und die Scheibe wurde größer. Das ist
bei einem Fixstern nicht der Fall; es war somit gewiß, daß
es sich nicht um einen gewöhnlichen Stern handeln konnte.
Einige Tage später überprüfte er ihn wieder und fand, daß
er sich unter den Sternen bewegt hatte. Er zog den Schluß,
daß es ein sehr ferner und schweifloser Komet sei. Auf den
Gedanken, daß es ein Planet sein könnte, kam er nicht.

Nach einigen Monaten wurde der merkwürdige Stern als
Planet erkannt, und er erhielt schließlich den Namen Uranus.

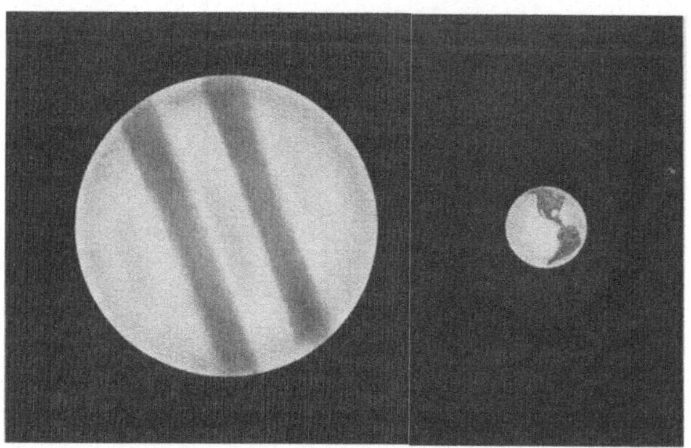

Abb. 87. Uranus und Erde.
Die Durchmesser sind 50000 und 12700 km.

Der König von England machte Herschel zum Ritter,
setzte ihm ein Gehalt aus und ernannte ihn zum Königlichen
Astronomen. Herschel baute noch viele größere und bessere
Teleskope, die in ganz Europa berühmt waren, und verwandte
viel Zeit auf die Himmelsbeobachtung. Er wurde der unbe-
stritten größte beobachtende Astronom aller Zeiten.

Uranus und Erde.

Die Zeichnung Abb. 87 zeigt Herschels Planeten und die
Erde in demselben Maßstab. Der Planet ist 2870 Millionen km
von der Sonne entfernt; seine Bahn ist so groß, daß er trotz
einer Geschwindigkeit von 7 km in der Sekunde 84 Jahre
braucht, um seinen Lauf um die Sonne zu vollenden. Sein

106

Durchmesser beträgt 50000 km; er ist also eine 64mal so
große Kugel wie die Erde, aber das Material, aus dem er besteht, ist bei weitem nicht so dicht wie das der Erde. Er
„wiegt“ nur 15mal soviel wie die Erde.

Uranus hat vier kleine Monde, die nur in großen Fernrohren zu sehen sind; sie sind aber trotz ihrer Winzigkeit
und großen Entfernung photographiert worden. Die vier kleinen Punkte, die man auf dem Bilde (Abb. 88) sieht, sind die
Monde, ihre Namen sind unten in dem Schlüssel angegeben.

Abb. 88. Uranus mit seinen Monden (photographische Aufnahme).
Die Uranusmonde sind sehr klein und nur in großen Fernrohren sichtbar, sie
sind aber mit Erfolg photographiert worden. Ihre Namen findet man auf
dem Schlüsselbild.

Neptun.

Uranus blieb 65 Jahre lang der letzte Planet in unserem
Sonnensystem; dann kam Neptun hinzu. Uranus wurde sozusagen zufällig gefunden; Neptun wurde vom Mathematiker
am Schreibtisch entdeckt.

Nachdem Uranus einige Monate lang beobachtet worden
war, konnten die Astronomen die Größe und Lage seiner
Bahn berechnen, und damit wurde es möglich, im voraus an-

zugeben, wo der Planet an jedem Tage zu finden sein würde. Nach einigen Jahren fand er sich jedoch nicht mehr ganz genau an den vorausberechneten Orten ein. Er wich nicht sehr weit von der berechneten Bahn ab, aber doch weit genug, um die Verwunderung der Astronomen zu erwecken. Und sie kamen am Ende zu dem Schluß, daß da ein weit entfernter Körper vorhanden sein müßte, der den einsamen Uranus aus der ihm zugewiesenen Bahn lockte.

Abb. 89. Neptun und Erde.
Durchmesser: 53000 und 12700 km.

Von Mathematikern entdeckt.

Zwei mathematische Astronomen, Adams in England und Leverrier in Frankreich, machten sich, ohne einer vom anderen etwas zu wissen, daran, auszurechnen, wo sich der unsichtbare Störenfried befinden müßte. Die Aufgabe war recht schwierig, aber sie lösten sie beide. Sie gaben an, an welcher Stelle des Himmels man gerade nach dem Fremdling Ausschau halten müßte, und am 23. September 1846 richtete der Astronom Galle in Berlin sein Fernrohr auf diese Stelle und fand ihn. Die Entdeckung erregte großes Aufsehen.

Neptun ist 4500 Millionen km von der Sonne entfernt. Er durchläuft seine Bahn mit einer Geschwindigkeit von 5 km in der Sekunde und braucht zu einem vollen Umlauf 165 Jahre.

Er hat also seit seiner Entdeckung erst einen halben Umlauf vollbracht. Zu seiner Beobachtung ist ein Feldstecher oder ein kleines Fernrohr nötig.

Abb. 89 zeigt in einer Zeichnung Neptun und Erde. Der Durchmesser des Neptun beträgt 53 000 km. Er könnte seiner Größe nach 60 Erden enthalten, aber der in ihm enthaltene Stoff oder seine Masse würde nur für 17 Erden reichen.

Entdeckung eines Neptunmondes.

Innerhalb eines Monats nach der Entdeckung des Planeten wurde auch ein kleiner Mond entdeckt, der ihn umkreist. Obwohl Neptun und sein Mond so ungeheuer weit von der Erde entfernt sind, hat man es doch möglich gemacht, die beiden zu photographieren. In Abb. 90 ist der helle Punkt in der Mitte der Planet und der kleine Punkt daneben der Mond. Er ist von Neptun ungefähr ebenso weit entfernt wie unser Mond von der Erde.

Pluto.

Nach der erfolgreichen Errechnung Neptuns lag es nahe, in derselben Weise nach noch ferneren Mitgliedern unseres Systems zu suchen. In der Bewegung des Uranus schienen auch nach der Berücksichtigung der durch Neptun hervorgerufenen „Störungen" noch Unregelmäßigkeiten übrigzubleiben, und als man Neptun lange genug beobachtet hatte, um seine Bahn berechnen zu können, glaubte man auch bei ihm Störungen durch einen noch weiter außen umlaufenden Planeten feststellen zu können. Obwohl es sich hier nur noch um ganz kleine Abweichungen handelte, die man auch als Ungenauig-

Abb. 90. Neptun und sein Mond (photographische Aufnahme).
Der helle Punkt ist der Planet, und der schwache Punkt dicht links daneben ist der Mond, der in einer Entfernung von 353 700 km in 5 Tagen 21 Stunden den Planeten umkreist.

keiten in den Beobachtungen auffassen konnte, machten sich
wieder mehrere Astronomen an die Arbeit. An den von ihnen
bezeichneten Stellen des Himmels hat man jahrelang vergeb-
lich gesucht, bis schließlich doch am 13. März 1930 auf dem
Lowell-Observatorium ein Planet von unvermutet geringer
Helligkeit aufgefunden wurde, der seiner Bewegung nach
,,transneptunisch'' sein konnte. Da dieser neue Planet, der den
Namen Pluto erhielt, nachträglich auch auf früheren Aufnahmen mehrerer Sternwarten (von 1914 ab) festgestellt wurde,
konnte man sehr bald seine Bahn berechnen. Wie aus Abb. 27
ersichtlich ist, durchläuft Pluto eine sehr ,,exzentrische'' Bahn,
in der er auf einem kurzen Stück der Sonne näher ist als
Neptun, während er im fernsten Punkte der Bahn 7400 Millionen km von der Sonne entfernt ist.

Pluto ist wahrscheinlich nicht größer und nicht massiger
als Mars, jedenfalls viel kleiner, als man bei den Rechnun-
gen, die seiner Auffindung dienen sollten, angenommen hat.
Man kann daher vielleicht nicht sagen, daß er wie Neptun am
Schreibtisch entdeckt worden sei, aber ohne diese Bemühungen wäre er wohl auch heute noch nicht bekannt.

Achtes Kapitel.

Kleine Planeten — Die Nebularhypothese — Kometen — Meteore.

Die Kleinen Planeten (Planetoiden, Asteroiden).

Wir sind jetzt an der Grenze des Sonnensystems angekom-
men; es gibt aber doch noch einiges, was wir betrachten müssen, ehe wir es verlassen.

Denken wir einmal zurück an den weiten Zwischenraum
zwischen den Bahnen des Mars und des Jupiter. Wenn wir
uns die Zwischenräume zwischen den Bahnen der Planeten
ansehen (Abb. 24), erscheint uns dieser unnatürlich groß; und
im Laufe langer Jahre befestigte sich immer mehr die Überzeugung, daß in diesem weiten Raum einige — wahrschein-

lich kleine — Planeten um die Sonne kreisen müssen. Schließlich bildete sich eine Vereinigung von Astronomen, die scherz-
weise die Himmelspolizei genannt wurde, weil sie sich die
Aufgabe stellte, nach jenen verborgenen Mitgliedern der Planetenfamilie zu fahnden. Der erste Verbrecher wurde ganz

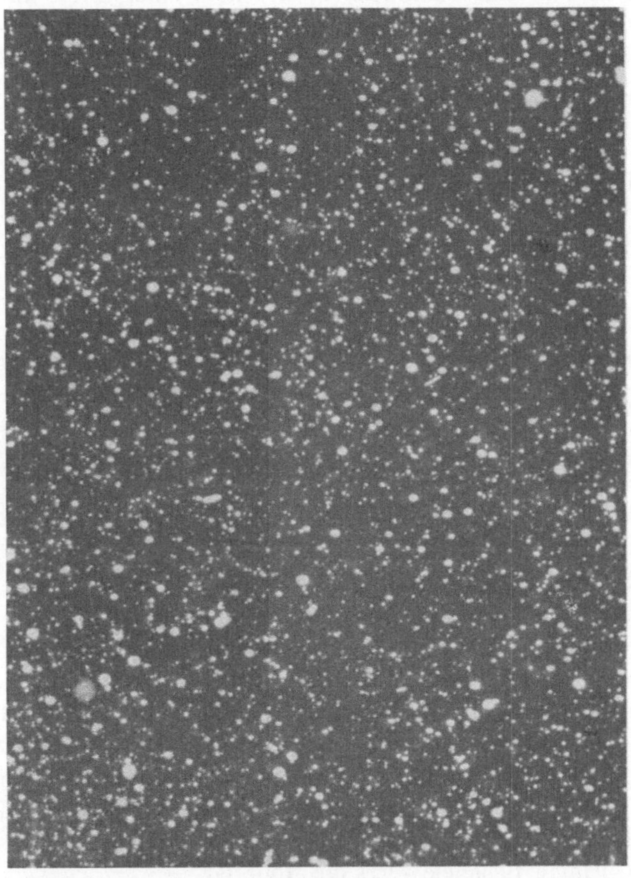

Abb. 91. Aufnahme mit den Spuren zweier kleiner Planeten.

Die Kleinen Planeten bewegen sich zwischen (in Wirklichkeit vor) den Sternen.
Bei dieser Aufnahme ist die Kamera den Sternen nachgeführt worden. In-
folgedessen sind die Bilder der Sterne runde Punkte, während zwei Planeten
Striche auf der Platte gezogen haben (nicht weit von der Mitte des Bildes).

zufällig am 1. Januar 1801 festgenommen; und in den 125
Jahren, die seitdem verflossen sind, sind mehr als 1500 entdeckt worden, in späterer Zeit größtenteils auf photographi-
schem Wege.

Man verfährt folgendermaßen: Der Astronom richtet seine
Kamera auf einen Himmelsteil, in dem er einen dieser kleinen
Planeten vermutet, und erteilt der Kamera eine Bewegung,
die genau der Bewegung des Himmels entspricht. Die Sterne
erscheinen dann auf der Platte als runde Punkte. Ein Planet
bewegt sich gleichmäßig zwischen den Sternen hindurch, und
wenn sich unter den photographierten Sternen ein Planet befindet, so zieht er auf der Platte einen Strich. Abb. 91 enthält zwei solche kurze Striche, die die Anwesenheit zweier
Planetoiden anzeigen. Die Belichtung dauerte eine Stunde.

Eine Familie von 1500 Köpfen.

Die Asteroidenfamilie ist heute so groß geworden, daß es
viel Zeit und Arbeit erfordert, dauernd über den Aufenthalt
der einzelnen Mitglieder auf dem laufenden zu bleiben. Es
sind zum größten Teil sehr kleine Körper von nur wenigen
Kilometern Durchmesser. Nur einer in der ganzen Familie ist
so hell, daß er auch ohne Fernrohr gesehen werden kann.
Das ist der Planet Vesta, der im Jahre 1807 entdeckt worden
ist. Sein Durchmesser beträgt vielleicht 500 km, aber viele der
Planetoiden haben wahrscheinlich nicht mehr als 5 oder 6 km
Durchmesser. Manche sind sogar aller Wahrscheinlichkeit
nach nichts als unregelmäßig geformte Felsblöcke.

Die große Menge der kleinen Planeten bewegt sich in ähn-
lichen Bahnen wie die großen Planeten in dem Raume zwischen Mars und Jupiter, in dem man sie gesucht hat. Manche
von ihnen haben aber langgestreckte Bahnen, die viel näher
an die Sonne heran oder bis an die Saturnbahn hinaus reichen. Einige Beispiele zeigt die Abb. 92.

Die Vergangenheit des Sonnensystems.

Ehe wir weitergehen, wollen wir zurückblickend das Sonnensystem als Ganzes überschauen. Es wird nützlich sein,

einige der Tatsachen, die wir kennengelernt haben, niederzuschreiben.

1. Die Bahnen der Planeten sind fast sämtlich beinahe kreisförmig und liegen in beinahe übereinstimmenden Ebenen (die Winkel zwischen den Ebenen sind sehr klein).

Es ist üblich, die Ebene, in der die Erdbahn liegt (die Ebene der Ekliptik), als Normalebene anzusehen. Die Bahn-

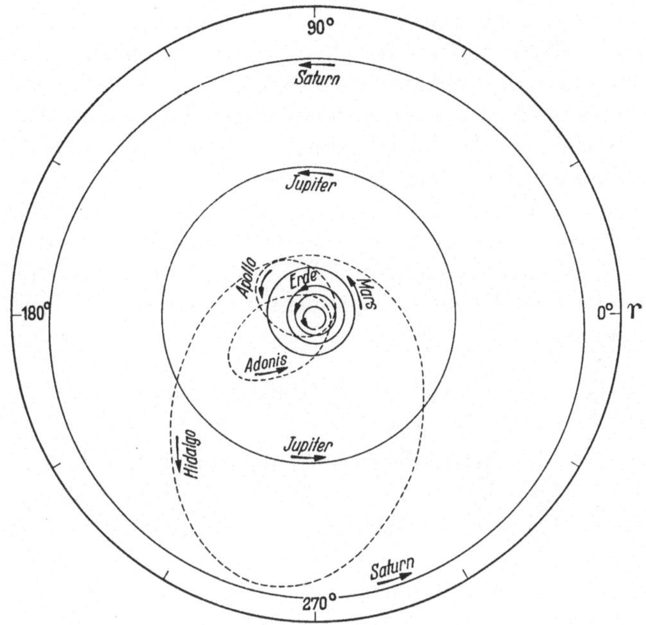

Abb. 92. Einige ungewöhnliche Bahnen im Reiche der Kleinen Planeten.

ebenen aller anderen Planeten (wenn wir Pluto und die Kleinen Planeten nicht mitrechnen) bilden mit ihr kleine Winkel.

2. Die Planeten bewegen sich alle in derselben Richtung in ihren Bahnen.

3. Die Sonne, die vom Mittelpunkt des Systems aus die Bewegungen der Planeten beherrscht, dreht sich in derselben Richtung, in der die Planeten umlaufen, und ihr Äquator liegt nahezu in der Ebene der Ekliptik.

4. Die Achsendrehungen der Planeten gehen, soweit sie mit Sicherheit bestimmt werden konnten, in derselben Richtung vor sich wie ihre Bahnbewegungen.

5. Die Monde der Planeten laufen mit wenigen Ausnahmen in derselben Richtung um ihre Planeten, in der sich diese um ihre Achsen drehen; ihre Bahnebenen fallen auch nahezu mit der Ekliptik zusammen.

6. Erde und Sonne bestehen aus denselben Stoffen, und wir können natürlich annehmen, daß auch die anderen Planeten aus denselben Stoffen bestehen, wenn sich auch einige in einem anderen physikalischen Zustande befinden wie die Erde.

Die Betrachtung dieser merkwürdigen Tatsachen führt uns unabweislich zu der Überzeugung, daß alle diese Körper einen gemeinsamen Ursprung haben müssen!

Es ist sehr reizvoll, sich vorzustellen oder darüber nachzusinnen, auf welchem Wege sich wohl das Sonnensystem zu seinem jetzigen Zustande entwickelt hat. Durch das Studium seiner jetzigen Verfassung versucht man, seine Vergangenheit zu erkennen.

Wie das Sonnensystem entstanden ist.

Die erste einigermaßen befriedigende Erklärung dieses Vorgangs bot die Nebularhypothese, die vor mehr als hundert Jahren aufgestellt worden ist. Ihr liegt die Vorstellung zugrunde, daß in weit zurückliegender Vergangenheit eine große Menge von ganz dünn verteiltem Gas — mit anderen Worten: ein Nebel — einen Raum ausfüllte, der sich noch weit über die jetzige Bahn des äußersten Planeten hinaus erstreckte. Weiter wurde angenommen, daß dieses Gas eine hohe Temperatur hatte und als Ganzes um eine Achse rotierte. Was ist unter solchen Verhältnissen zu erwarten?

Im Verlaufe langer Zeiten mußte sich der Nebel abkühlen und zusammenziehen, und je kleiner er wurde, desto schneller mußte er rotieren. Schließlich sollte die Geschwindigkeit so groß geworden sein, daß sich längs des Äquators, wo die Entfernung von der Achse am größten ist, Material loslöste, gerade so, wie das Wasser von einem Autorad abspritzt. Die abgelöste Materie sammelte sich nach der Theorie unter der

Wirkung ihrer eigenen Anziehungskraft und bildete den äußersten Planeten.

Hiermit war der Vorgang nicht zu Ende. Der Nebel zog sich weiter zusammen und rotierte noch schneller, es lösten sich andere Teile von der Masse ab und bildeten die anderen Planeten. Aus dem, was übrig blieb, bildete sich die Sonne.

Die Theorie erklärt einige charakteristische Eigenschaften des Sonnensystems, aber sie versagt in mehreren wichtigen Punkten. Sie ist deshalb von der Mehrzahl der Astronomen aufgegeben worden.

Eine Theorie von ganz anderer Art wurde vor einigen Jahren vorgeschlagen. Nach ihr müssen wir annehmen, daß unsere Sonne ursprünglich ein gewöhnlicher einfacher Stern ohne Planeten war, und daß in ferner Vergangenheit einmal ein anderer Stern auf seiner Wanderung durch den Weltraum nahe an der Sonne vorbeigekommen ist. Sobald die beiden Himmelskörper sich sehr nahe kamen, mußte eine gewaltige Anziehung zwischen ihnen auftreten. Dadurch wurde die Sonne „aus der Fasson gebracht", sie barst irgendwo und warf große Mengen Materie heraus. Im weiteren Verlaufe seiner Gastrolle versetzte der Stern die Sonne in Rotation und zwang die ausgestoßene Materie, um die Sonne zu kreisen. Aus dieser Materie bildeten sich im Laufe der Zeit die Planeten.

Hiermit ist nur der knappste Umriß dieser beiden Theorien skizziert; der Gegenstand ist voll von Schwierigkeiten und kann hier nicht weiter behandelt werden. Man muß sich aber immer gegenwärtig halten, daß es sich hier um *Theorien* handelt, die sich nie beweisen lassen. Gewöhnlich kann der Astronom auf der soliden Grundlage genauer Beobachtung und Rechnung bauen, und dann sind seine Behauptungen auch zuverlässig.

Kometen und Meteore.

Die Kometen und Meteore können auch als zum Sonnensystem gehörig betrachtet werden, da sie sich um die Sonne bewegen, aber sie bleiben nicht immer bei uns. Abb. 93 zeigt das Verhalten eines Kometen. Bei seiner Entdeckung ist er

sehr schwach; er kommt aus den Tiefen des Weltraums und
ist gerade nahe genug, daß wir ihn erkennen können. Wenn
er dann der Sonne näher kommt, wie es durch den Pfeil angedeutet ist, entwickelt er einen Schweif und wird größer und
heller. Wenn er den Punkt erreicht hat, in dem er der Sonne
am nächsten ist, sagt man, daß er im *Perihel* ist, und dann
ist sein Schweif gewöhnlich am längsten. Dann entfernt er

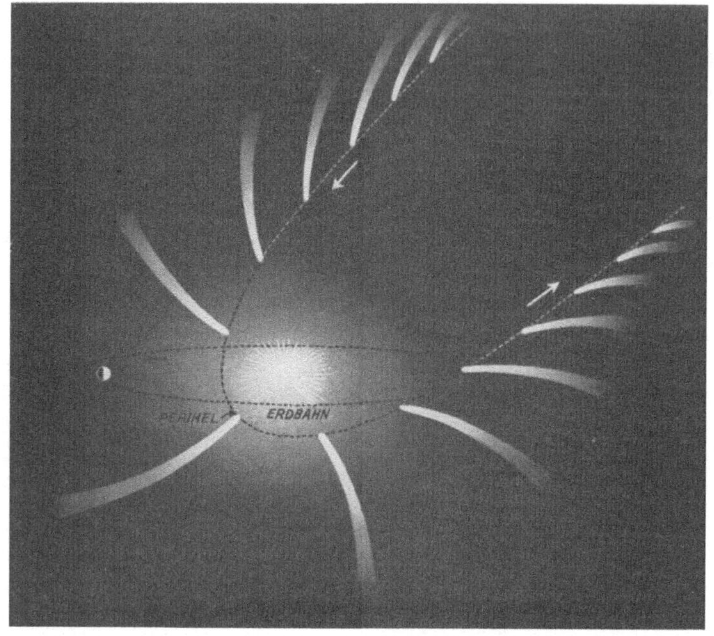

Abb. 93. Eine Kometenbahn.

Die Abbildung stellt die Erscheinung eines großen Kometen dar, der aus den
Tiefen des Weltraums kommt, sich der Sonne nähert und dann wieder im
Weltraum verschwindet. Er kommt auf seinem Laufe in die Nähe der Erdbahn und kann dabei auch der Erde sehr nahe kommen. In einigen Fällen
ist die Erde mitten durch den Schweif des Kometen hindurchgegangen.

sich wieder, und auch jetzt ist der Schweif immer von der
Sonne weg gerichtet. Er wird schwächer und schwächer und
verschwindet schließlich, meistens auf Nimmerwiedersehen.

Es gibt aber auch Kometen, die wiederkommen, und diese

kann man unbedenklich zu den ständigen Mitgliedern der
Sonnenfamilie rechnen. Am häufigsten kehrt der E n c k e sche
Komet wieder, der nach dem Astronomen benannt ist, der
seine Bewegung erforscht hat. Abb. 94 ist eine Photographie

Abb. 94. Aufnahme des Kometen Encke.

Der Komet Encke hat keinen hellen Kern und keinen Schweif; er ist nichts
als ein schwacher nebliger Fleck am Himmel, für das bloße Auge ist er nicht
sichtbar. Die Aufnahme ist 1 Stunde 53 Minuten belichtet. Die Kamera
wurde dem Kometen nachgeführt, der sich gegen die Sterne bewegte, so daß
hier die Sterne Striche zogen.

dieses Kometen. Er ist für das bloße Auge zu schwach und
hat, wie man sieht, überhaupt keinen Schweif. Er kehrt alle
3,3 Jahre zur Sonne zurück.

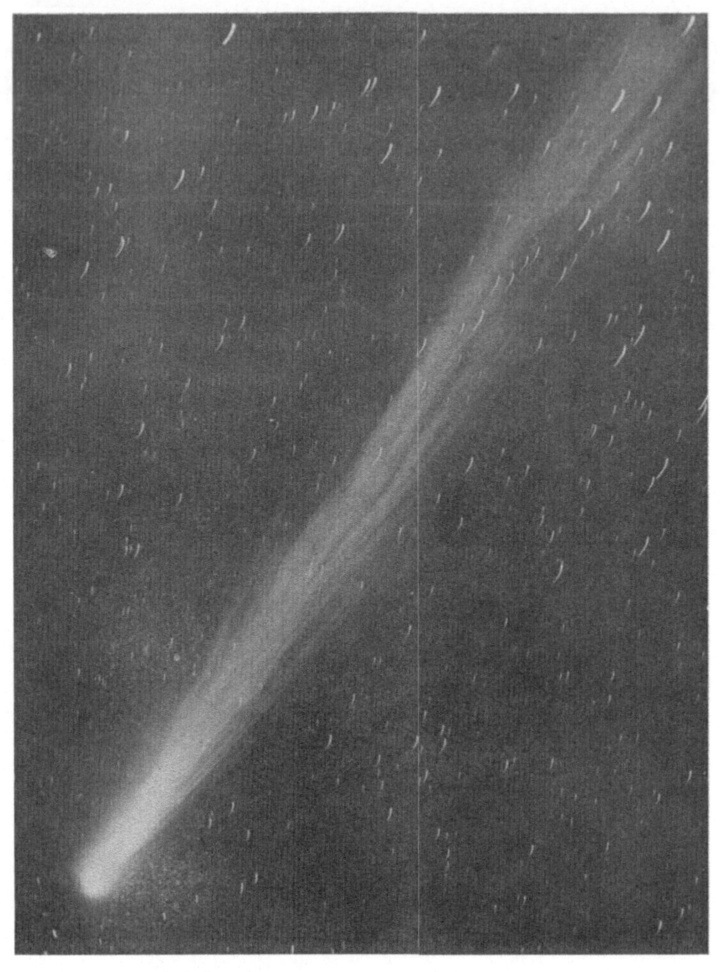

Abb. 95. Aufnahme des Kometen Brooks.

Bei seiner Entdeckung hatte der Komet keinen Schweif. Bei seiner Annäherung an die Sonne entwickelte sich aber der Schweif sehr schnell, und
der Komet war bald ein auffälliges Objekt mit einem Schweif von 30° Länge.
Man kann gut die zarten Fasern erkennen, in denen die Materie wegströmt.
Die Aufnahme ist am 23. Oktober 1911 mit einer Belichtung von 1 Stunde
15 Minuten gemacht.

Das seltsame Aussehen der Kometen.

Im Aussehen des Enckeschen Kometen zeigt sich augenscheinlich nichts Besonderes, manche andere Kometen sind aber merkwürdige Objekte. Abb. 95 zeigt den von Brooks im Jahre 1911 entdeckten Kometen. Ein prächtiges Bild, wie der gewaltige Schweif vom Kopfe des Kometen wegströmt!

Ein anderer Komet, der 1908 von Morehouse entdeckt wurde (Abb. 96), zeigte in den wenigen Monaten, die er sicht-

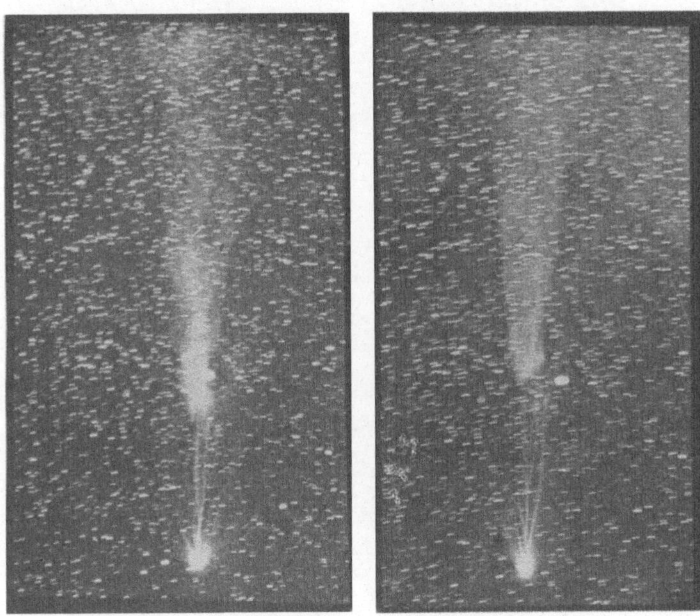

Abb. 96.   Komet Morehouse am 2. Oktober 1908.

Die beiden Aufnahmen sind in derselben Nacht gemacht, die zweite nur $4^1/_2$ Stunden nach der ersten, und doch hat sich in der Zwischenzeit viel geändert. Man kann es beinahe sehen, wie der Schweif aus dem Kopfe ausströmt und mit großer Geschwindigkeit in den Raum hinausgetrieben wird. Der Komet wurde von Morehouse auf dem Yerkes-Observatorium entdeckt und zeigte viele bemerkenswerte Formänderungen.

bar war, mehrere seltsame Veränderungen. In der Abbildung sieht man, wie die verschiedenen Strähnen des Schweifes von dem Druck, den das Sonnenlicht ausübt, zurückgetrieben wer-

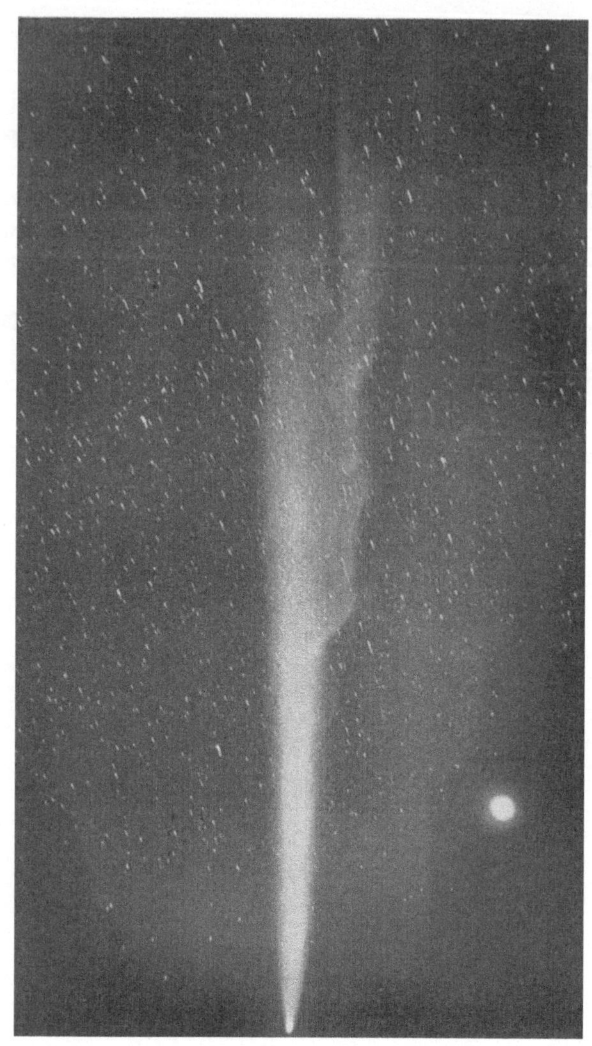

Abb. 97. Der Halleysche Komet.
Vier verschiedene Himmelskörper haben auf diesem Bilde ihre Spuren hinterlassen. In der Mitte steht der große Komet mit seinem prächtigen Schweif,
von dem sich ein Stück abzulösen scheint. Unten rechts steht ein heller
Stern: das ist der Planet Venus. In gleicher Höhe, dicht neben dem Kometen-
schweif, sieht man einen dünnen geraden Strich (schrägliegend): das ist eine
Sternschnuppe. Den Hintergrund bilden die Fixsterne. Das Bild ist am
13. Mai 1910 mit 30 Minuten Belichtung aufgenommen.

den. An einer Stelle sieht man sogar einen großen Batzen, der den Eindruck erweckt, daß ein großer Teil des Schweifes abgerissen ist und nun in den Raum hinausfliegt.

Der Halleysche Komet.

Der berühmteste aller Kometen ist aber der nach dem englischen Astronomen Halley benannte. Er kehrt alle 76 Jahre wieder. Er war 1910 in Sonnennähe und kommt ganz bestimmt im Jahre 1986 dahin zurück. Einige Leser dieses Buches werden vielleicht noch in der Lage sein, ihn bei seinem nächsten Besuche zu begrüßen. Abb. 97 ist eine photographische Aufnahme dieses prächtigen Vagabunden vom 13. Mai 1910. Die Belichtung dauerte 30 Minuten. Sonderbar ist die plötzliche Erweiterung des Schweifes. Der helle Fleck im unteren Teile des Bildes ist der Planet Venus, der zu dieser Zeit zufällig in derselben Gegend des Himmels stand wie der Komet. Auf der rechten Seite des Kometen, ein paar Zentimeter oberhalb des Kopfes, sieht man einen schwachen, schräg liegenden geraden Strich. Das ist die Spur einer Sternschnuppe. Diese Aufnahme enthält also vier verschiedene Arten von Himmelskörpern: einen Kometen, einen Planeten, eine Sternschnuppe und Fixsterne.

Natur der Kometen.

Zu einer Kenntnis der wahren Natur der Kometen fehlt uns noch viel. Sie sind oft von ungeheurer Größe. Der Kopf eines Kometen kann einen Durchmesser von 200 000 km haben, und der Schweif kann 100 Millionen km lang sein, und trotzdem ist die Masse nur klein — kleiner als die des kleinsten Planeten. Daß die Materie in den Kometen sehr dünn ist, beweist auch die Erfahrung, daß schwache Sterne durch den Kopf eines Kometen hindurchscheinen, ohne viel an Helligkeit zu verlieren.

In der Mitte des Kopfes beobachtet man manchmal einen hellen, sternartigen Punkt, den man den Kern nennt. Dieser Kern enthält wahrscheinlich feste Bestandteile, die durch große Zwischenräume voneinander getrennt sind. 1 Kubikkilometer enthält wahrscheinlich nicht mehr als 3 g feste Materie. Wenn der Komet in die Nähe der Sonne kommt, treten aus diesen festen Teilen infolge der Erhitzung durch die Sonnenstrahlung Gase aus.

Der Schweif besteht aus sehr feinen Teilchen, die von dem Kopfe ausgestoßen und durch das Sonnenlicht, das einen Druck auf sie ausübt, abgetrieben werden. Beim Vergleich von Aufnahmen, die wie die in Abb. 96 wiedergegebenen kurz nacheinander aufgenommen sind, sieht man, daß sich die Schweifmaterie vom Kopfe fortbewegt. Beim Kometen Halley wurde eine Schweifpartie vom Verlassen des Kopfes an länger als zwei Wochen beobachtet. Als sie 1300 km vom Kopf entfernt war, bewegte sie sich mit einer Geschwindigkeit von 1 km in der Sekunde, in einer Entfernung von 13 Millionen km hatte sie aber die ungeheure Geschwindigkeit von 91 km pro Sekunde erreicht. Offensichtlich verliert also ein Komet fortgesetzt Material, und da er unseres Wissens keine Gelegenheit hat, neues aufzunehmen, so wird er schließlich verschwinden.

Das Spektroskop hat gezeigt, daß die Kometen Stickstoff und Kohlenstoff enthalten und auch die giftigen Gase Kohlenoxyd und Zyan; obwohl die Erde in mehreren Fällen durch den Schweif eines Kometen hindurchgegangen ist, haben sich aber keine üblen Folgen bemerkbar gemacht.

Sternschnuppen.

Sternschnuppen von der Art der in Abb. 97 sichtbaren sind jedem bekannt. Gewöhnlich sieht man einen schwach leuchtenden Strich am Himmel, der nur einen Augenblick bleibt und wieder verschwunden ist.

Diese Lichtspuren rühren von kleinen materiellen Teilchen her, vielleicht in der Art von Sandkörnern, die durch den Weltraum eilen und zufällig in unsere Atmosphäre geraten. Durch die Reibung an der Luft werden sie weißglühend und verbrennen wahrscheinlich.

Es wird manchem sonderbar erscheinen, daß es einem Sandkorn möglich sein soll, mit einer gleichbleibenden Geschwindigkeit von mehreren Kilometern in der Sekunde durch

den Raum zu fliegen. Bei einem großen Planeten erscheint
das natürlich, bei einem winzigen Steinchen aber nicht. Man
muß aber bedenken, daß draußen im freien Weltraum, weit
weg von der Erde und allen anderen Planeten, nichts ist, was
die Bewegung aufhalten könnte, so daß jeder Körper, ob
groß oder klein, unbehindert seine Bahn ziehen kann.

Abb. 98. Aufnahme einer Feuerkugel.

Nur selten ist es geglückt, eine so glänzende Feuerkugel zu photographieren.
Das Meteor durchflog die Lufthülle der Erde mit einer Geschwindigkeit von
60 km/sec. Die Erweiterungen der Spur rühren wahrscheinlich von mehreren Explosionen her, die während des Fluges erfolgten. Das Bild ist eine
Aufnahme des Observatoriums in Prag.

<h1 style="text-align:center">Eine große Feuerkugel.</h1>

Gelegentlich kommt ein etwas dickerer Brocken vorbei — vielleicht ein Felsblock von einem oder mehreren Metern Durchmesser — und wird bei seinem Durchzug durch die Atmosphäre zu einer prächtigen Erscheinung. In einem solchen Falle spricht man von einer Feuerkugel; eine sehr an-

Abb. 99. Ein Meteor zwischen den Polsternen.
Eine interessante Aufnahme des Norman Lockyer-Observatoriums in Sidmouth (England) am 16. November 1922. Belichtung: 2 Stunden 14 Minuten.

sehnliche erscheint in der Aufnahme Abb. 98. In der Nacht des 12. September 1923 machte ein Prager Astronom gerade eine lange Aufnahme, als um 23 Uhr eine helle Feuerkugel über den Himmel zog und ihre Spur auf der Platte hinterließ.

Sie bewegte sich ziemlich langsam, wie ein brennender Ball,
und hinterließ einen Schweif von gelb leuchtenden Funken, der
ungefähr 10 Sekunden sichtbar blieb. Die Feuerkugel nahm
fortgesetzt an Helligkeit zu, und als sie gerade — gegen den
Fixsternhimmel gesehen — in der Nähe des großen Nebels in
der Andromeda angelangt war (auf der rechten Seite in der
Abbildung), explodierte sie wie eine Rakete und erhellte die

Abb. 100. Meteorit von Treysa.

Dieser 63 kg schwere Eisenmeteorit wurde bei seinem Fall am 3. April 1916
als Feuerkugel beobachtet und 11 Monate später an der nach den Beobachtungen berechneten Einschlagstelle aufgefunden.

ganze Landschaft. Man sieht in der Abbildung den von den
beiden Stücken gezogenen Doppelstrich.

Dieses besonders schöne Meteor wurde auch von anderen
Personen gesehen, und aus allen Beobachtungen zusammen
konnte man berechnen, wo es aufgetaucht war, und wie es
sich bewegt hatte. Beim ersten Aufleuchten war es 136 km
über der Erdoberfläche, und es verschwand in einer Höhe von

56 km nach einem Fluge von 88 km mit einer Geschwindigkeit von 59 km in der Sekunde. Auf der Photographie erscheinen nur 12 km der Bahn, und die Höhe betrug zu dieser Zeit 80 km.

Abb. 99 zeigt ein anderes schönes Bild eines hellen Meteors, das W. J. S. Lockyer, ein englischer Astronom, erhielt, als er am 16. November 1922 in der Erwartung von Sternschnuppen die Polgegend photographierte.

Es gibt auch Meteore, die sich in Schwärmen um die Sonne bewegen. Wenn die Erde einem solchen Schwarm begegnet, erleben wir einen Sternschnuppenfall. Innerhalb weniger Stunden blitzen dann Hunderte oder sogar Tausende von Sternschnuppen auf, die alle von einem Punkte des Himmels her zu kommen scheinen.

Manchmal fallen diese Körper auch auf die Erde herunter; dann nennt man sie Meteorsteine oder Meteorite. Meteorsteine sind in großer Zahl gefunden worden und in den Museen ausgestellt. Manche Meteorite bestehen fast ganz aus reinem Eisen, die meisten sind aber Steinmeteorite.

Dritter Teil.

Die Welt der Sterne.

Neuntes Kapitel.

Sterne und Jahreszeiten.

Es wäre noch viel über das Sonnensystem zu sagen, aber wir können nicht länger dabei verweilen. Wir müssen jetzt unsere Familienangelegenheiten verlassen und den Blick in die große Himmelswelt hinaus richten.

Wir sind alle mit dem Gebrauch von Karten der Erdoberfläche vertraut, und wir wissen, daß eine einzelne Karte einen kleinen Teil eines Landes, z. B. eine Provinz oder einen Wirtschaftsbezirk, oder auch einen ganzen Kontinent umfassen kann. Bei den Himmelskarten ist das ebenso. Manche überdecken große Gebiete, während andere einzelne Sternbilder wiedergeben oder vielleicht nur einen Teil eines Sternbildes.

Daran müssen wir aber immer denken: Auf die Erde sehen wir von außen, die Himmelskugel betrachten wir aber von innen. Ihre Innenfläche scheint mit Sternen besetzt zu sein.

Die nördlichen Polsterne.

Wir wollen nun einige Himmelskarten studieren, zunächst solche, die große Teile des Himmels bedecken. Unsere erste Karte (Abb. 101) enthält die Sterne, die man sieht, wenn man sich nach Norden wendet und nach dem Polarstern hinaufblickt. Diese Sterne sind in unseren mittleren nördlichen Breiten in jeder klaren Nacht sichtbar, aber sie bleiben nicht im-

mer in derselben Stellung. Es ist, als wenn sie an den Himmel
genagelt sind und ständig um den Pol des Himmels kreisen,
einmal an jedem Tag. Ihre Lage wechselt auch mit den Jahreszeiten. Im Herbst steht der große Wagen in den ersten
Abendstunden unter dem Polarstern, im Frühling steht er zu
der gleichen Zeit darüber.

In der Abb. 101 sind die Sterne so abgebildet, wie man sie
am Himmel sieht; auf der gegenüberliegenden Seite befindet
sich ein Schlüssel, der die Namen der Sternbilder und der
helleren Sterne enthält (Abb. 102). Am äußeren Rande des
Schlüssels stehen die Namen der Monate. In diesem Falle ist
der November oben. Die Karte zeigt, wie man sie hier im
Buche ansieht, die Stellung der Sterne im Monat November
um 21 Uhr. Wenn man sie für dieselbe Tageszeit in einem
anderen Monat sucht, muß man die Karte drehen, bis dieser
Monat oben ist.

Der Große und der Kleine Bär.

Der Stern, der fast genau im Mittelpunkt der Karte steht,
ist der Polarstern, unter Astronomen gewöhnlich Polaris genannt. Etwas darunter steht der Wagen, der ein Teil des
Sternbildes Ursa major (Großer Bär) ist. Seine Form ist
durch sieben helle Sterne markiert. Es ist auf Sternkarten
üblich, jeden hellen Stern durch einen Buchstaben des griechischen Alphabetes zu bezeichnen; auf unserer Karte kommen aber nur die ersten beiden Buchstaben α (Alpha) und
β (Beta) vor. Die Sterne α und β des Großen Bären sind ungefähr 5° voneinander entfernt. Wenn man eine gerade Linie
von β nach α zieht und etwa 30° über α hinaus verlängert,
kommt man fast genau auf den Polarstern.

Die alten Araber nannten den Stern α Dubhe und den
Stern β Merak. Den mittleren Stern in der Deichsel des Wa-
gens oder dem Schwanz des Großen Bären nannten sie Mizar.
Wenn man ein scharfes Auge hat, sieht man dicht neben ihm
noch einen schwachen Stern. Dieser schwache Stern trägt den
Namen Alkor.

Die Sterne des Wagens sind Sterne zweiter Größe. Es gibt
etwa 20 Sterne am Himmel, die deutlich heller sind als die

128

Wagensterne. Das sind Sterne erster Größe. Nach ihnen kommen Sterne der zweiten, dritten und weiterer Größen. Die allerschwächsten Sterne, die man in einer mondscheinlosen klaren Nacht im Freien sehen kann, sind sechster Größe. In der Stadt kann man unterhalb der vierten Größe kaum noch etwas sehen.

Vor der Erfindung des Fernrohrs (1608) waren natürlich keine schwächeren Sterne als die sechster Größe bekannt; seitdem hat sich aber gezeigt, daß es viel schwächere Sterne gibt, und mit der Vergrößerung der Fernrohre ist man auf immer schwächere Sterne gestoßen. Die heutigen Rieseninstrumente zeigen bei direkter Beobachtung Sterne der 19. Größe, während sie photographisch bis zur 21. Größe reichen. 100 Millionen Sterne der 21. Größe sind nötig, um ebensoviel Licht zu geben wie ein einziger Stern 1. Größe, Atair oder Aldebaran z. B.

Man beachte wohl, daß das Wort *Größe* in diesem Zusammenhang nichts mit der räumlichen Größe der Sterne zu tun hat, sondern nur ihre Helligkeit bezeichnet!

Kehren wir nun zu Polaris zurück. Er steht am Schwanzende des Kleinen Bären (Ursa minor). Wenn sich die Sterne in der in Abb. 101 wiedergegebenen Stellung befinden, steht der Bär auf dem Kopf. Polaris ist ein Stern 2. Größe. Die beiden nächsthellsten Sterne des Kleinen Bären, die auch als „Polwächter" bezeichnet werden, stehen in der rechten Schulter und im Vorderfuß des Tieres. Der hellere ist 2., der andere 3. Größe.

Cassiopeia und ihre Nachbarn.

Auf der dem Großen Bären gegenüberliegenden Seite des Himmelspols liegt das Sternbild Cassiopeia. Fünf seiner hellsten Sterne bilden ein etwas auseinandergezogenes M oder umgekehrtes W. Um Cassiopeia herum liegen die drei Sternbilder Cepheus, Andromeda und Perseus. Alle diese Namen stammen aus der griechischen Mythologie.

Nach der griechischen Sage war Andromeda die Tochter des Cepheus und der Cassiopeia, die König und Königin von Äthiopien waren. Cassiopeia hatte sich gerühmt, ebenso schön

zu sein wie die Nymphen des Wassergottes Neptun. Darüber
wurde dieser erhabene Herr sehr böse und schickte, um den
König und die Königin zu bestrafen, eine große Flut über
das Land; dazu ließ er noch ein großes Seeungeheuer los,
das Menschen und Tiere des Königreichs verschlang. Neptun
ließ wissen, daß er erst dann Gnade walten lassen würde,

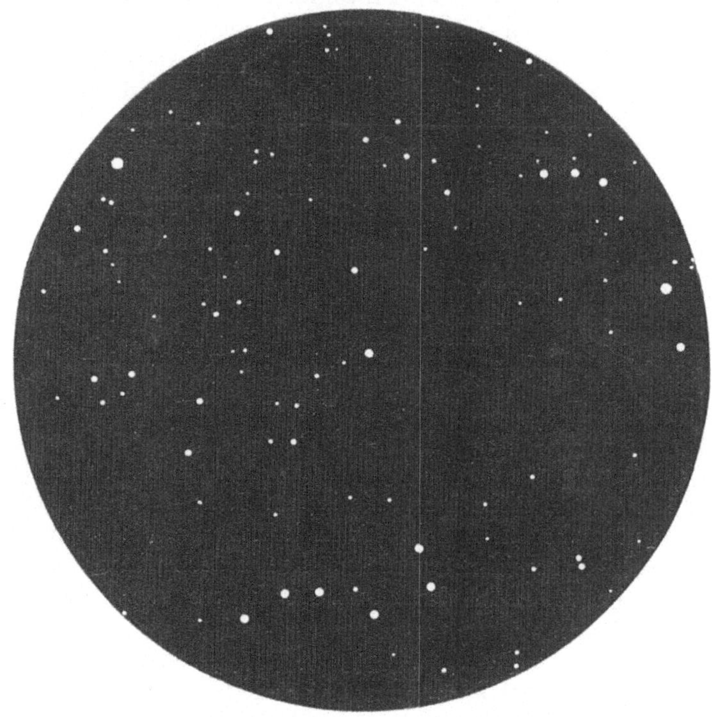

Abb. 101. Die Zirkumpolarsterne.

Die Karte zeigt die Stellung der nördlichen Polsterne um etwa 21 Uhr im
Monat November. Wenn man oben und unten vertauscht, hat man die
Stellungen für den Monat Mai. Im Frühling steht der Wagen abends über
dem Pol.

wenn der König seine Tochter dem Ungeheuer überantwortet
hätte. So wurde das unglückliche Mädchen an das Gestade
geschleppt, an einen Felsen gekettet und ihrem Schicksal
überlassen. Kurz darauf erblickte ein schöner Jüngling mit

Namen Perseus, der gerade von einem glänzenden Siege über
das Fabelwesen Gorgo heimkehrte, Andromeda in ihrer trau-
rigen Lage, erschlug das Ungeheuer und befreite und heira-
tete Andromeda. Die alten Völker glaubten, in den Sternen die
Umrisse dieser Sagengestalten erkennen zu können, uns heutigen Beobachtern fällt es aber schwer, irgend etwas davon
zu sehen.

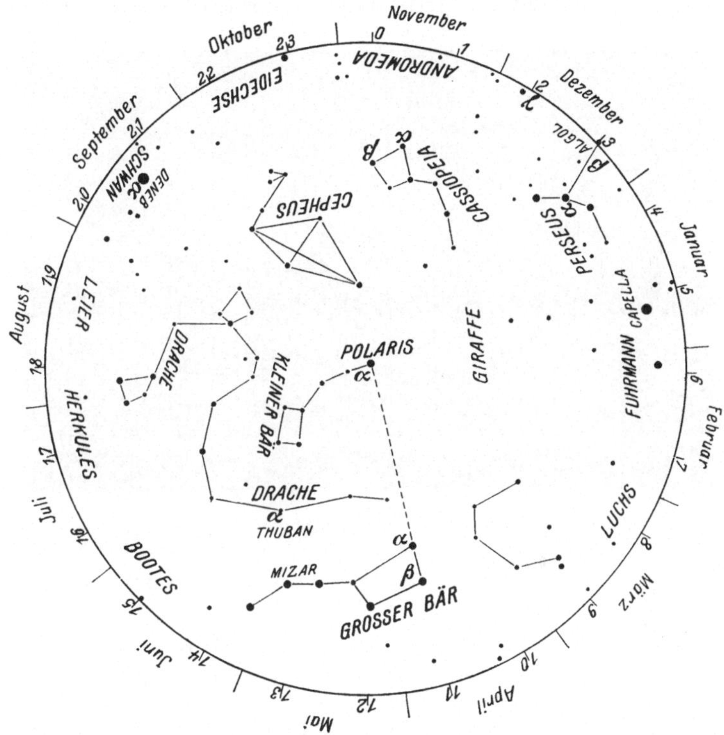

Abb. 102. Schlüssel zu Abb. 101 mit den Namen der Sternbilder.
Man findet die Lage der Sterne für 21 Uhr in jedem beliebigen Monat, indem
man den Schlüssel so dreht, daß der Name des betreffenden Monats oben ist.

Zwischen dem Großen und dem Kleinen Bären liegt der
Drache. Die Spitze seines Schwanzes liegt dicht neben der
Linie, die von den Hinterrädern des Wagens zum Polarstern
führt. Der lang hingestreckte Leib ist durch eine Folge von

verhältnismäßig schwachen Sternen gekennzeichnet. Über eine Windung des Körpers hinweg kommen wir schließlich zu seinem Kopfe, der nicht weit von dem Sternbild Herkules entfernt ist. Den Kopf bezeichnen vier Sterne, die ein unregelmäßiges Viereck bilden.

Der Stern α im Drachen (Thuban), auf halbem Wege zwischen Mizar und dem Kleinen Bären, ist von besonderem Interesse. Er war vor 4700 Jahren unser Polarstern. Unser

Abb. 103. Die Wintersterne.

jetziger Polarstern war damals viel weiter vom Pol entfernt als jetzt.

Es ist leicht und bestimmt reizvoll, mit Hilfe unserer Karten von den angeführten Sternbildern zu anderen überzugehen und schließlich alle kennenzulernen.

Die Äquatorsterne.

Die Wintersterne.

Wir wollen uns nun nach Süden wenden und die Sterne studieren, die in einem breiten Gürtel zu beiden Seiten des Himmelsäquators enthalten sind. Dieser Gürtel ist lang, denn er reicht ganz um die Himmelskugel herum; wir werden ihn deshalb in vier Teilen betrachten.

Wir beginnen mit den Wintersternen, da sie die schönsten von allen sind. Die Karte Abb. 103 zeigt die Sterne, und Abb. 104 gibt die Namen dazu. Die gerade Linie quer durch die Schlüsselkarte ist der Himmelsäquator, die gestrichelte krumme Linie ist die Ekliptik, also die Bahn, die die Sonne am Himmel zu durchwandern scheint.

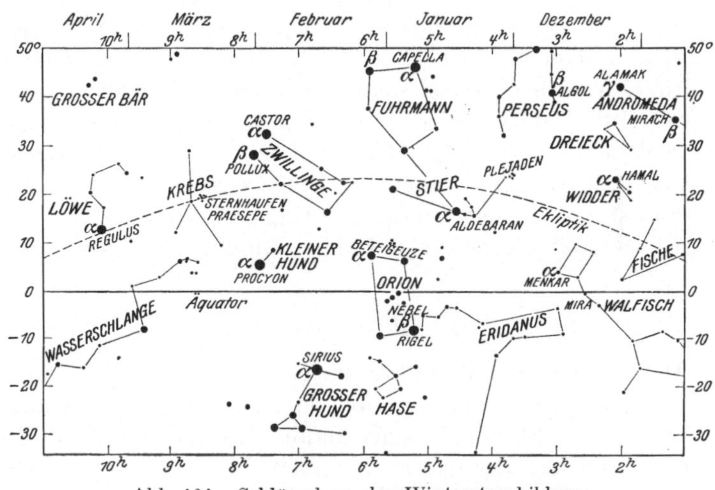

Abb. 104. Schlüssel zu den Wintersternbildern.

Die Sonne bewegt sich (von rechts nach links) durch den hier sichtbaren Teil der Ekliptik in der Zeit vom 7. April bis zum 7. September; und in der Mitte zwischen diesen beiden Tagen — am 21. Juni — steht sie in dem Punkte, der am höchsten über dem Himmelsäquator liegt.

Denken wir uns einmal eine Ebene, die durch den Himmelspol, durch den genau über uns liegenden Punkt (das Zenit) und uns selbst geht. Diese Ebene geht auch durch den Nord- und den Südpunkt des Horizonts. Das ist unsere *Meridianebene*. Sie schneidet die Himmelskugel in einem großen Kreis, und dieser Kreis ist der *Meridian des Beobachtungsortes*. Wenn die Sonne oder irgendein anderer Himmelskörper sich auf diesem Kreise befindet, so sagt man, daß sie „im Meridian“ sind.

An der Oberkante der Schlüsselkarte stehen die Namen der Monate. Die Sterne, die unter einem solchen Monatsnamen stehen, sind während dieses Monats ungefähr um 21 Uhr im Meridian.

Das glänzendste Wintersternbild ist der Orion, den die alten Griechen als mächtigen Krieger darstellten. Wir werden sein Bild später noch zu sehen bekommen (Abb. 117). Die drei hellen Sterne, die fast in einer geraden Linie stehen, gehören zu seinem Gürtel. Sie sind zweiter Größe. Acht Grad nördlich von dem Gürtel steht ein schöner roter Stern erster Größe mit Namen Beteigeuze. Zehn Grad südlich von dem Gürtel steht ein prächtiger blau-weißer Stern, der den Namen Rigel trägt. Er gehört auch der ersten Größenklasse an. Der Orion ist das schönste Sternbild am ganzen Himmel, das einzige, das zwei Sterne erster Größe enthält.

Großer Hund, Stier, Zwillinge.

Wenn wir in der Richtung des Gürtels etwa zwanzig Grad nach links weitergehen, kommen wir zu Sirius, dem Hundstern, in dem Sternbild Canis major (Großer Hund). Er ist der hellste Stern des ganzen Himmels. Wenn wir den Gürtel des Orion nach rechts um etwa zwanzig Grad verlängern, stoßen wir auf Aldebaran, einen roten Stern erster Größe im Sternbilde Taurus (Stier).

Orion liegt hart an dem einen Rande der Milchstraße. Auf der anderen Seite, höher (d. h. nördlicher) und weiter nach links (d. h. östlich), liegt das Sternbild Gemini (Zwillinge). Seine beiden hellsten Sterne sind Castor und Pollux. Der erste ist zweiter, der andere erster Größe. Wenn wir von Castor über Pollux hinausstreifen und eine kleine Schwenkung nach dem Orion zu machen, erreichen wir Procyon, einen hellen Stern erster Größe im Kleinen Hund (Canis minor). Ein Stück links von der Linie, die Pollux und Procyon verbindet, und mit diesen beiden Sternen ein großes Dreieck bildend, steht Regulus im Löwen (Leo); Regulus ist ebenfalls ein weißer Stern erster Größe und steht fast genau in der Ekliptik. Regulus und fünf andere Sterne des Löwen bilden die Himmelssichel.

Die anderen Sterne der Karte können leicht am Himmel aufgefunden werden, wenn man von den besprochenen ausgeht.

Die Sterne des Frühlings.

Auf der nächsten Karte (Abb. 105) haben wir die Frühlingssterne. Ihre Namen findet man auf der Schlüsselkarte (Abb. 106).

Im März ist das Sternbild Cancer (Krebs) in günstiger Stellung, aber es enthält keinen hellen Stern. Auf halbem Wege zwischen Pollux und Regulus liegt ein Sternhaufen, der den Namen Praesepe (Krippe) führt. Es ist ganz interessant, ihn aufzusuchen. In dunklen Nächten sieht man ihn als kleine nebelige Wolke, ein Opernglas oder ein kleines Fernrohr enthüllt aber einen ganzen Schwarm schwacher Sterne. Es ist ein „offener" Haufen, ein Bild von ihm werden wir später noch sehen (Abb. 135).

Im April und Mai ist die Jungfrau (Virgo) leicht aufzufinden. Das Sternbild hat einen hellen weißen Stern namens Spica, der dicht bei der Ekliptik und zehn Grad südlich vom Äquator steht. Dieser Stern Spica ist eine sehr große Sonne. Nach den besten Messungen ist er rund 300 Lichtjahre entfernt — d. h. das Licht braucht 300 Jahre, um von ihm zur Erde zu kommen. Wir sehen ihn, wie er vor 300 Jahren war. Wir erhalten von unserer Sonne viele Millionen mal soviel Licht wie von Spica, aber nur deswegen, weil Spica soviel weiter entfernt ist. Wenn wir Spica in dieselbe Entfernung setzen könnten wie unsere Sonne, würde sie uns mehr als 2000mal soviel Licht geben.

Der bemerkenswerteste unter den Sternen, die im Frühling sichtbar werden, ist aber Arktur, die Hauptattraktion im Bootes. Er ist einer der ersten Sterne, die einen Namen erhalten haben, und ist von den ältesten Zeiten her ein Gegenstand des Interesses und der Bewunderung gewesen. Er wird schon von dem griechischen Dichter Hesiod erwähnt, der 800 Jahre vor Christus lebte.

Am 1. März kommt Arktur etwa um 20 Uhr im Osten herauf, und da er jeden Abend 4 Minuten früher aufgeht, geht er am Ende des Monats auf, wenn die Sonne untergeht. Er ist dann die ganze Nacht über sichtbar und selbst bei Vollmond ein auffälliges Objekt.

Arktur ist 38 Lichtjahre von der Erde entfernt. Er gehört wie alle Sterne auf unseren Karten zu den *Fix*sternen (d. h. feststehenden Sternen), genaue Beobachtungen seiner Stellung haben aber ergeben, daß er sich auf der Himmelskugel bewegt und daß seine Geschwindigkeit 130 km in der Sekunde

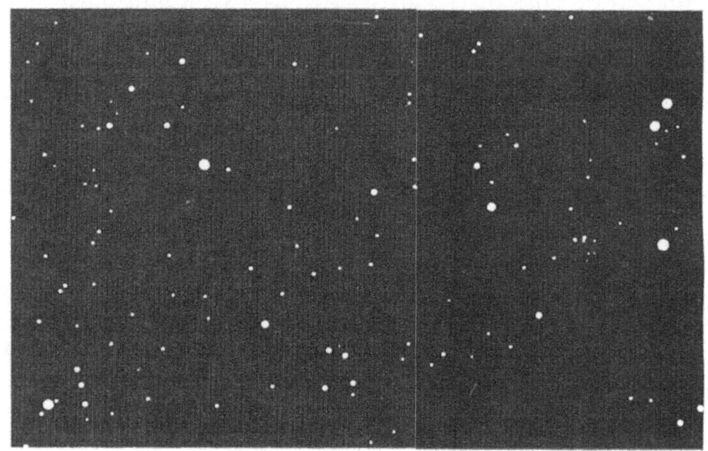

Abb. 105. Die Frühlingssterne.

beträgt. Infolge seiner großen Entfernung werden aber 800 Jahre vergehen, bis er am Himmel um eine Vollmondsbreite weitergewandert ist. In den allerletzten Jahren hat man auch seinen Durchmesser gemessen. Er beträgt 40 Millionen km — 30mal soviel wie der Durchmesser unserer Sonne. Arktur sendet 100mal soviel Licht aus wie die Sonne.

Vielleicht ruft der nächste Anblick Arkturs einige dieser bemerkenswerten Tatsachen ins Gedächtnis zurück.

Die Sommersterne.

Wir kommen nun zu den Sommersternen (Abb. 107, 108). Eins der in dieser Jahreszeit sichtbaren Sternbilder ist die

Leier (Lyra), und es ist, wenn es auch nur klein ist, in mancher Hinsicht interessant. Nach alter Sage spielte Orpheus auf dieser Leier eine so liebliche Musik, daß die wilden Tiere zahm wurden und die Flüsse, Bäume und Felsen zu ihm kamen. Er erweichte damit auch die steinernen Herzen der Hüter der Unterwelt, so daß sie seinem toten Weibe Eurydike gestatteten, mit ihm auf die Erde zurückzukehren. Nach seinem Tode wurde die Leier an den Himmel versetzt.

Der Edelstein in dem Bilde ist Wega, ein prächtiger blauweißer Stern. In den mittleren nördlichen Breiten steht er

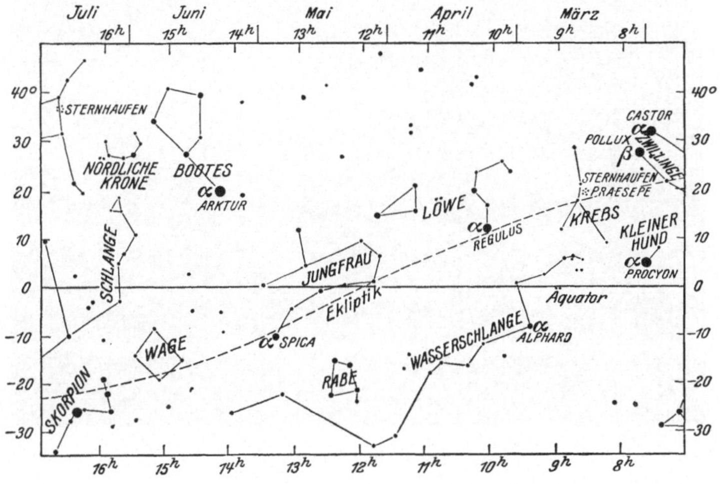

Abb. 106. Schlüssel zu den Frühlingssternbildern.

Anfang August am frühen Abend fast genau über uns. Von allen am nördlichen Himmel sichtbaren Sternen ist Sirius der hellste; der zweithellste ist Wega, wenn auch knapp vor Arktur und Capella. Wega und fünf andere Sterne bilden ein gleichseitiges Dreieck und ein Parallelogramm, die leicht zu erkennen sind. Zwischen den beiden Sternen des Parallelogramms, die am weitesten von Wega entfernt sind, liegt der Ringnebel (Abb. 125), der aber mit dem bloßen Auge nicht sichtbar ist.

Man hat nachgewiesen, daß unser ganzes Sonnensystem sich mit einer Geschwindigkeit von 20 km in der Sekunde durch den Raum bewegt, und daß diese Bewegung nach dem Sternbilde Leier hin gerichtet ist.

Östlich von der Leier steht der Schwan (Cygnus). Er wird auch manchmal als Kreuz des Nordens bezeichnet, da fünf helle Sterne in ihm ein deutliches Kreuz bilden. Der Schwan steht mitten in einem hellen Teil der Milchstraße. Der Stern an der Spitze des Kreuzes heißt Deneb. Er ist einer der fernsten unter den hellen Sternen; er ist wahrscheinlich mehr als 1000 Lichtjahre entfernt und strahlt mehr als 20 000 mal so-

Abb. 107. Die Sommersterne.

viel Licht aus wie unsere Sonne. Der Stern am Fuße des Kreuzes heißt Albireo.

Zwischen Leier und Bootes liegen Herkules und Krone (Corona). Im Herkules bilden vier nicht sehr helle Sterne einen Blumentopf. Auf der einen Seitenlinie des Topfes liegt ein schwacher Stern, den man gerade noch mit dem bloßen Auge sehen kann. In einem kleinen Fernrohr sieht er verschwommen aus, so daß man nicht recht weiß, was man davon denken soll. In großen Fernrohren sieht er aus wie eine gewaltige Menge funkelnder Edelsteine. Photographien von diesem Haufen stehen an anderer Stelle in diesem Buche (Abb. 136 und 137).

Unten in der Nähe des Äquators steht Atair im Adler (Aquila), und noch viel weiter unten im Süden steht der rote Stern Antares im Skorpion (Scorpio). Dieser Stern hat wahrscheinlich einen Durchmesser von 200 Millionen km!

Die Herbststerne.

Zuletzt wollen wir uns den Herbsthimmel ansehen (Abb. 109, 110).

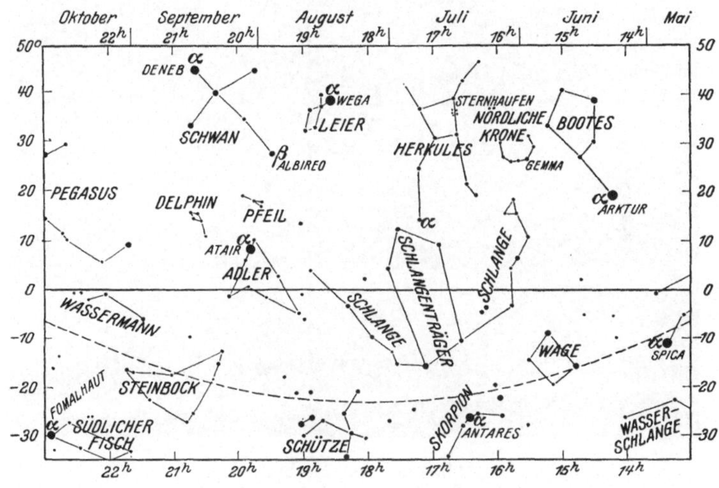

Abb. 108. Schlüssel zu den Sommersternbildern.

Leier und Schwan sind noch immer sichtbar, etwas westlich vom Zenit (dem Punkt, der genau über uns liegt). Hoch am südlichen Himmel finden wir den Pegasus, das Flügelroß, das Perseus ritt, als er gegen das Ungeheuer auszog, das Andromeda zerreißen wollte. Vier helle Sterne bilden das Quadrat im Pegasus. Einer davon gehört aber eigentlich zu dem benachbarten Sternbild Andromeda. Er führt den Namen Sirrah. Die beiden anderen Hauptsterne in der Andromeda heißen Mirach und Alamak. Diese drei liegen beinahe in einer geraden Linie. Das große Quadrat im Pegasus hat Ähnlichkeit mit einem Papierdrachen, die drei Andromedasterne bilden seinen Schwanz. Man kann den Schwanz auch noch verlängern, bis man auf Algenib, den hellsten Stern im Perseus, stößt. Etwa zehn Grad nordwestlich von Mirach (über dem Buchstaben *E* in „Andromeda" in Abb. 110) liegt ein wunderbares Gebilde, das als der große Andromeda-Nebel bekannt ist. Eine Photographie dieses Nebels werden wir später zu sehen bekommen (Abb. 121).

Im Osten von der Andromeda liegt der Perseus. Er enthält einen eigentümlichen Stern mit Namen Algol (das ist das

Abb. 109. Die Herbststerne.

arabische Wort für „Dämon"). Dieser Stern ist gewöhnlich ebenso hell wie der Polarstern, aber alle 69 Stunden verliert er drei Viertel seiner Helligkeit, um sie in wenigen Stunden wiederzugewinnen. Das macht er mit vollkommener Regelmäßigkeit. Dieser Stern besteht aus zwei Körpern, einem hellen und einem dunklen, die sich umeinander bewegen. Während jedes Umlaufs tritt der dunkle vor den hellen und blendet drei Viertel seines Lichtes ab; sobald aber die teilweise Verfinsterung vorüber ist, scheint der helle Stern wie gewöhnlich.

Etwa 45° südlich von Algol steht im Walfisch (Cetus) der Stern Mira. *Mira* ist das lateinische Wort für „wunderbar", und es ist wirklich ein wunderbarer Stern. Gewöhnlich ist er

zu schwach, als daß er mit dem bloßen Auge gesehen werden
könnte, aber alle 11 Monate wird er beinahe ebenso hell wie
der Polarstern. Für das Verhalten dieses Sterns haben wir bisher noch keine befriedigende Erklärung.

Noch weiter südlich sieht man an den Abenden des Oktober
und November einen weißen Stern im Südlichen Fisch (Piscis
austrinus), der den Namen Fomalhaut trägt. In seiner Stellung 30° unter dem Äquator ist er so weit südlich, daß er in

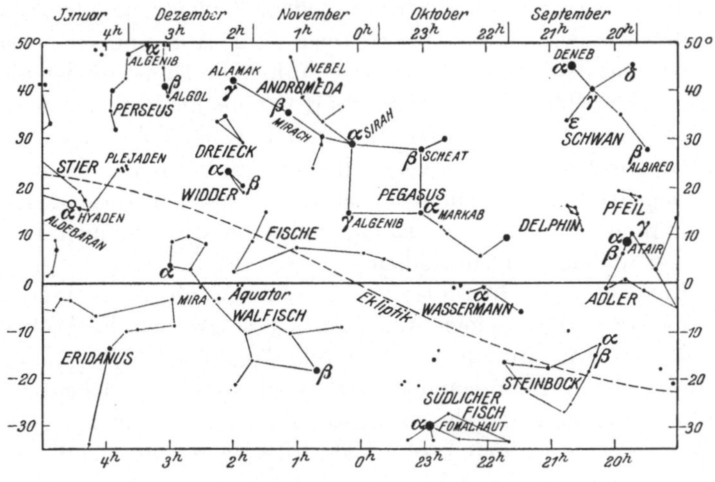

Abb. 110. Schlüssel zu den Herbststernbildern.

unseren Breiten nur ein paar Stunden über dem Horizont ist.
Er ist leicht zu finden, weil keine hellen Sterne in seiner
Nähe sind.

Zehntes Kapitel.

Zahl und Entfernung der Fixsterne — Die Nebel.

Die Zahl der Sterne.

Wenn wir in einer vollkommen klaren, mondlosen Nacht
draußen auf dem Lande, fern von dem Lichtmeer der Groß-
stadt, unter dem freien Himmel stehen, meinen wir, unzählbar viele Sterne zu sehen. Sind sie aber wirklich unzählbar?

Ein Weg zur Prüfung dieser Frage ist, irgendein begrenztes
Gebiet des Himmels wie den Kasten des Wagens oder das
Quadrat im Pegasus auszuwählen und die darin enthaltenen
Sterne tatsächlich zu zählen. Man wird dabei finden, daß es
verhältnismäßig wenige sind.

Die für das bloße Auge sichtbaren Sterne sind von mehreren Astronomen gezählt worden, es sind ungefähr 6000. Nun
kann man ja aber immer nur die eine Hälfte der Himmelskugel sehen, und so werden in jedem Augenblick nur etwa
halb so viele, nämlich 3000, über dem Horizont sein. Da
außerdem der in der Atmosphäre enthaltene Dunst immer die
schwachen Sterne in der Nähe des Horizonts unsichtbar macht,
kann man annehmen, daß das bloße Auge nicht mehr als
2000 gleichzeitig sehen kann. In der Stadt, wo die Lampen
in den Straßen und Häusern die Schwierigkeiten vergrößern,
wird man kaum mehr als 1500 gleichzeitig sehen können. Das
ist bei weitem nicht unzählbar!

Ein einfaches Opernglas gibt uns die Möglichkeit, mindestens 100 000 zu sehen, während unsere größten Fernrohre
mehr als 100 Millionen zeigen und lange belichtete photographische Aufnahmen noch viel mehr sichtbar machen. Es
gibt sicher eine ungeheuer große Zahl von Sternen: es ist
aber keine *unendlich* große Zahl (das wäre eine Zahl, die
man nicht ausrechnen kann).

Mit dem bloßen Auge und mit Fernrohr.

Vor etwa 75 Jahren stellte der deutsche Astronom A r g e -
l a n d e r Karten von allen Sternen nördlich des Himmelsäquators her, die er in einem Fernrohr von 7 cm Durchmesser
sehen konnte. Das waren im ganzen 324 198. Abb. 111 ist ein
Ausschnitt aus einer seiner Karten. Er umfaßt ein Gebiet von
8° im Quadrat und enthält 1442 Sterne. Die beiden kleinen
Quadrate in Abb. 112 zeigen die Sterne, die man in demselben
Gebiet mit dem bloßen Auge sehen kann. Das rechte enthält
die, die man in einer klaren, mondlosen Nacht auf dem Lande
sehen kann — 24 Sterne. Das linke enthält die, die man im
Freien bei Vollmond oder in der Stadt mit ihren hellen Lich-
tern in den Straßen und Häusern sehen kann — nur 8 Sterne!

Abb. 113 ist eine Photographie derselben Himmelsgegend.
Der weiße Rahmen grenzt das Gebiet der Abb. 111 ab, und es
ist einfach unmöglich, die Sterne, die hier sichtbar sind, zu
zählen. Hier sehen wir auch, daß der Himmel in diesem ganzen Gebiet mit Nebelmassen angefüllt ist.

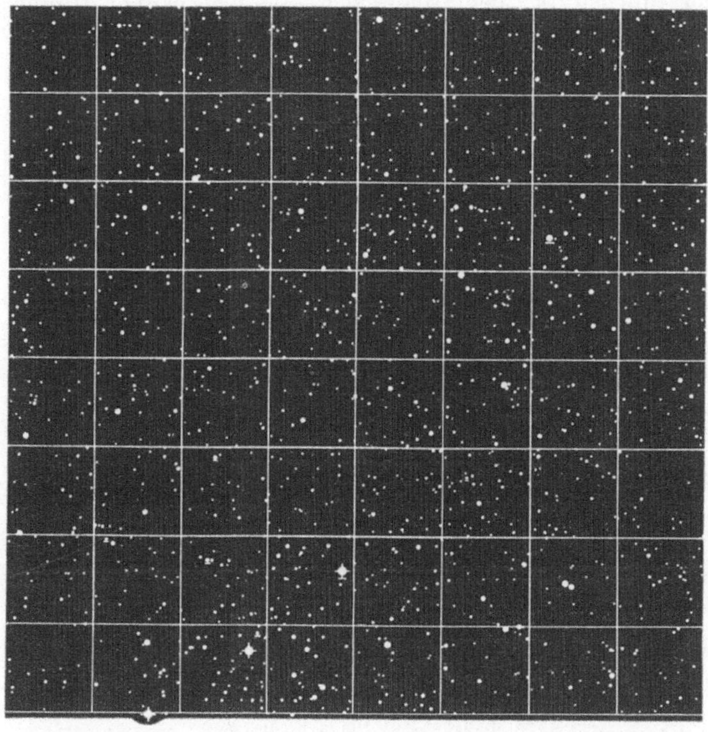

Abb. 111. Ein Ausschnitt aus der „Bonner Durchmusterung".
Die Abbildung ist ein Ausschnitt aus einer der berühmten Sternkarten
Argelanders. Die Karte enthält alle Sterne, die in diesem Teil des Himmels
in einem 7 cm-Fernrohr sichtbar waren. Sie umfaßt den nördlichen Teil des
Orion, die drei Gürtelsterne sind im unteren Teil der Karte zu finden. Der
Ausschnitt ist ein Quadrat von 8° Seitenlänge, umschließt also ein Gebiet
von 64 Quadratgraden. Er enthält 1442 Sterne, im Durchschnitt also
$22^1/_2$ Sterne in einem Quadratgrad.

Die Sterne in diesen Bildern sind die im Gürtel des Orion
und nördlich davon. Die drei Gürtelsterne liegen an der unte-

ren Kante. Es ist ganz interessant, auf den Abb. 111 und 113 die Sterne herauszusuchen, die mit dem unbewaffneten Auge sichtbar sind.

In manchen Himmelsgegenden sind die Sterne viel zahlreicher als in anderen. Ganz besonders ausgeprägt ist das in der Milchstraße, dem schwachen, um den ganzen Himmel ziehenden Band, das wir schon einmal erwähnt haben, und das auch jedem bekannt ist.

Ein Bild mit einer halben Million Sterne.

Abb. 114 zeigt einen Abschnitt der Milchstraße im Sternbild Sagittarius, südlich vom Äquator. Die Originalplatte hatte

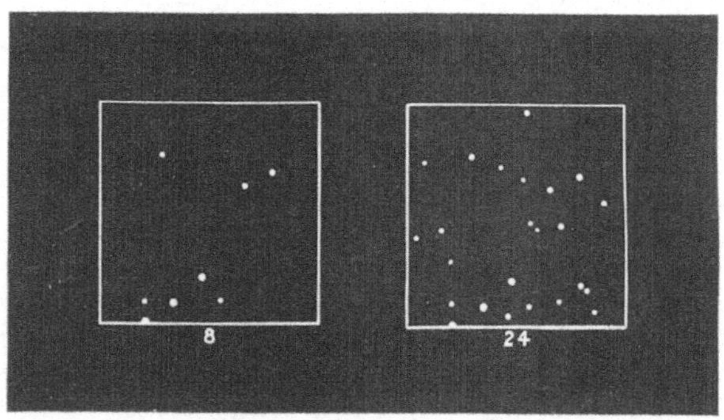

Abb. 112. Was man in demselben Gebiet des Himmels mit dem bloßen Auge sieht.

Die beiden kleinen Quadrate umschließen die Sterne, die man auf dem Feld der Abb. 111 mit dem bloßen Auge sehen kann. Das rechte Bild zeigt, wieviel Sterne man auf dem Lande in einer klaren, mondlosen Nacht sehen kann: 24 Sterne. Das linke Bild zeigt, was man auf dem Lande bei Vollmond oder in der Stadt sieht: 8 Sterne.

eine Größe von 36×42 cm und zeigte etwa 3 Millionen Sterne; der Teil, der in Abb. 114 wiedergegeben ist, enthält 500 000 Sterne.

Abb. 115 ist ein anderer Teil der Milchstraße. In der Mitte erscheinen die Sterne so dicht zusammengedrängt, daß sie eine weiße Wolke bilden. Man beachte die beiden hellen Striche oben und unten. Sie rühren von zwei Sternschnuppen her, die zufällig durch das Gesichtsfeld kamen, während der Astronom seine lange Aufnahme machte.

144

Einige Sternbilder. — Die Nebel.

Wir haben gesehen, wie man die Sternbilder am Himmel auffinden kann. Wir wollen nun einige von ihnen etwas näher betrachten.

Abb. 113. Eine photographische Aufnahme des Sternfeldes der Abb. 111 und 112.

Aufnahme des Sternbildes Orion mit einer Ross-Linse von 8 cm Durchmesser und 55 cm Brennweite (Belichtungszeit: 5 Stunden). Das von dem weißen Rahmen umschlossene Gebiet ist dasselbe wie in den vorhergehenden Abbildungen. Es ist einfach unmöglich, hier die Sterne zu zählen — es sind sicher mehr als 200000! Man beachte auch die Nebelmaterie, die einen großen Teil des Sternbildes auszufüllen scheint. Der helle Stern rechts unten ist Rigel.

Der Große Bär.

Eins der bekanntesten Sternbilder ist der Große Bär (Ursa major). Abb. 116 zeigt die für das bloße Auge sichtbaren Sterne und auch die Umrisse des Tieres, wie es sich die alten

Astronomen ausmalten. Es gehört aber eine sehr lebhafte
Phantasie dazu, in diesen Sternen das Bild eines Bären zu erkennen.

Abb. 114. Eine halbe Million Sterne auf einer Aufnahme.

Der hier abgebildete Teil der Milchstraße liegt im Sternbild Sagittarius
(Bogenschütze). Die Originalplatte war 36×42 cm groß. Sie überdeckte ein
Feld von 65 Quadratgraden; jeder Quadratgrad enthielt etwa 45000 Sterne,
die ganze Platte demnach fast 3000000. Unsere Abbildung ist ein Ausschnitt der Originalaufnahme, umfaßt 22 Quadratgrade und enthält über
500000 Sterne.

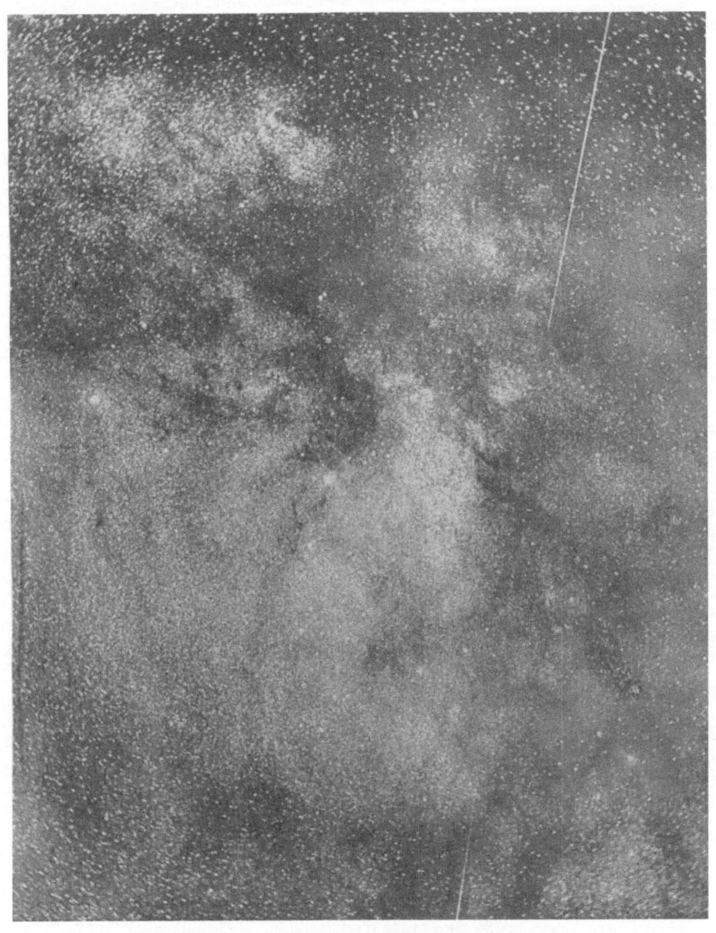

Abb. 115. Sternwolken in der Milchstraße.

Die dichte Sternwolke liegt im südlichen Teil des Sternbildes Aquila (Adler).
Die Aufnahme (Belichtung: 2 Stunden 40 Minuten) ist mit dem 6zölligen
Bruce-Teleskop der Yerkes-Sternwarte auf dem Mount Wilson in Californien
gemacht. Man beachte die beiden hellen Spuren von Meteoren, die während
der langen Aufnahme durch das Gesichtsfeld flogen und ihre Spur auf der
Platte hinterließen.

Der Himmelswagen ist, wie wir hier sehen, nur ein kleiner
Teil des Sternbildes, die Deichsel des Wagens ist der Schwanz

des Bären. Warum der Bär mit einem langen Schwanz dargestellt ist, dürfte auch schwer zu ergründen sein.

Orion.

Im Falle des Orion (Abb. 117) paßt die Gestalt des Riesen etwas besser auf die Sterne. Wir sehen hier wieder die drei hellen Sterne in dem Gürtel, an dem das Schwert hängt. Es

Abb. 116. Das Sternbild Ursa major (Großer Bär).

Das Tier ist eingezeichnet, wie es die alten Astronomen zu sehen glaubten. Der Wagen ist nur ein kleiner Teil des Sternbildes. Den Kopf des Bären kennzeichnet eine zerstreute Gruppe von schwachen Sternen, während drei seiner Tatzen durch Sternpaare angedeutet sind. Der Mittelstern im Schwanz des Bären ist Mizar, der schwache Stern dicht neben ihm ist Alkor, das „Reiterlein".

gibt in diesem Sternbild viele schöne Sterne. Der hellste ist Rigel, der perlweiß leuchtet. Er steht im linken Fuß des Riesen. Er ist 540 Lichtjahre von uns entfernt und sendet schätzungsweise 17 000 mal soviel Licht aus wie unsere Sonne. Beteigeuze — in der rechten Schulter — ist der nächsthellste und von gelbroter Farbe.

Vor kurzem ist es den Astronomen gelungen, den Durchmesser der Beteigeuze zu messen, und das Resultat ist erstaunlich. Der Durchmesser beträgt mehr als 5oo Millionen km! Wenn wir das ganze Sonnensystem versetzen und die Sonne in den Mittelpunkt der Beteigeuze stellen könnten, dann würde Mars noch innerhalb der Sternkugel bleiben. Dabei ist aber zu bedenken, daß Beteigeuze aus dünnem Gas besteht.

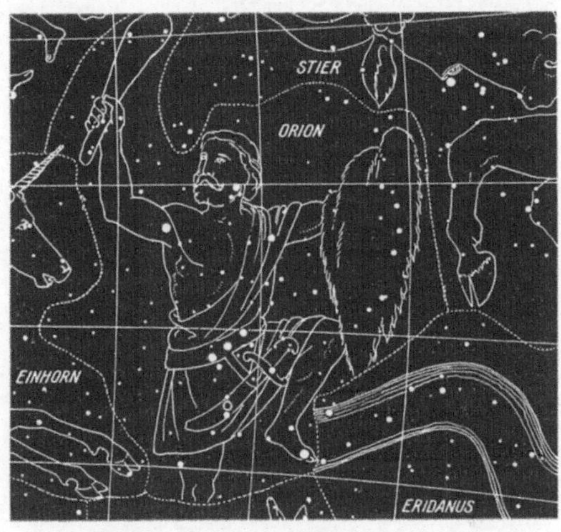

Abb. 117. Das Sternbild Orion.

Orion ist das schönste Sternbild des Himmels. Der Riese steht in Bereitschaft, den Stier mit seiner Keule zurückzuschlagen. In seiner rechten Schulter steht der rote Riesenstern Beteigeuze, der einen Durchmesser von über 500 000 000 km hat. In seiner linken Hand hält er das Löwenfell (durch einen Sternbogen angedeutet). In seiner linken Schulter steht der weiße Stern Bellatrix und in seinem linken Fuß der blauweiße Stern Rigel, eine große Sonne, 17 000 mal so hell wie unsere Sonne. Im Gürtel stehen in einer geraden Linie, $1^1/_2$° voneinander entfernt, die drei bekannten Sterne.

Der weiße Stern in der linken Schulter des Orion ist Bellatrix. Drei Sterne stehen in seiner linken Backe, während etwa zehn in einem Bogen angeordnete Sterne die Löwenmähne kennzeichnen, die er als Schild über seinem linken Arm trägt.

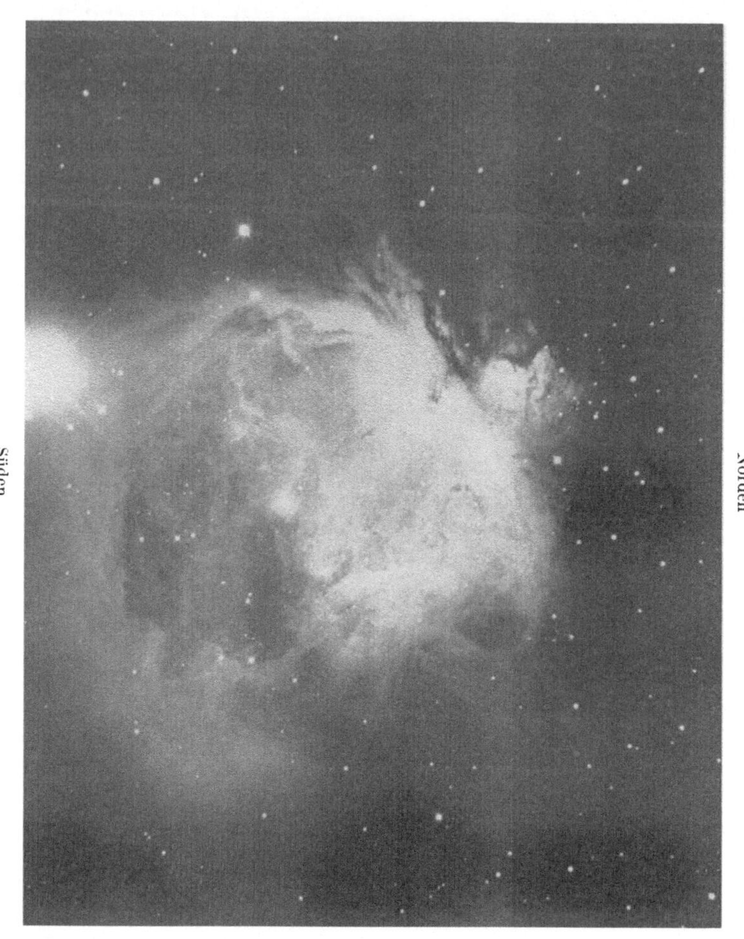

Abb. 118. Der große Orionnebel.

In dem Schwert, das an dem Gürtel Orions hängt, an der in Abb. 117 durch einen kleinen Kreis bezeichneten Stelle, liegt dieser wunderbare Nebel. Die dunklen Stellen in dem Bilde sind wahrscheinlich Wolken kosmischen Staubes, die die hinter ihnen liegenden hellen Nebel verdecken. Der Nebel ist mindestens 600 Lichtjahre entfernt. Die Abbildung ist eine 3 Stunden-Aufnahme des $2^{1}/_{2}$ m-Spiegels auf dem Mount Wilson vom 19. November 1920.

Auf dem Schwert ist ein kleiner Kreis eingezeichnet. An dieser Stelle steht ein merkwürdiges Gebilde. Mit dem bloßen Auge sieht es aus wie ein Stern, mit einem Feldstecher wie ein nebliger Fleck, aber in einem großen Fernrohr oder auf einer Photographie ist es einfach wunderbar (Abb. 118).

Dieses wunderbare Objekt wird als der große Orion-Nebel bezeichnet. Alle solchen wolkenartig aussehenden Himmelsobjekte werden *Nebel* genannt. Der Orion-Nebel hat keine

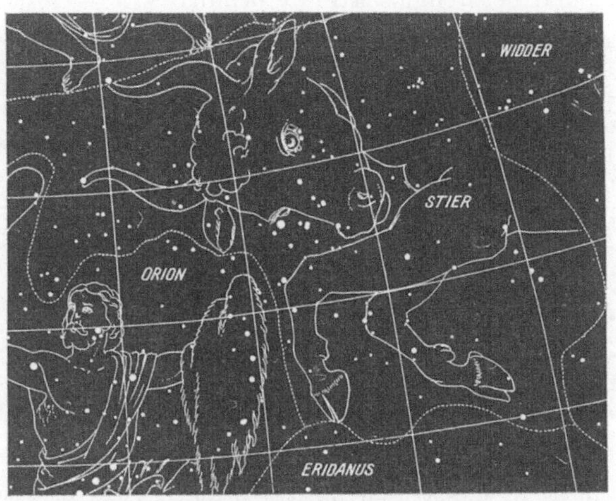

Abb. 119. Das Sternbild Taurus (Stier).

Das wilde Tier stürmt gegen Orion an. In seinem rechten Auge steht der glänzende rote Stern Aldebaran. Diese mächtige Sonne ist 71 Lichtjahre entfernt, hat einen Durchmesser von 65 Millionen km und entfernt sich von uns mit einer Geschwindigkeit von 54 km/sec. Er ist der Hauptstern in der V-förmigen Sterngruppe der Hyaden.

regelmäßige Form, sondern breitet sich nach allen Richtungen hin in großen geschwungenen Bögen und unregelmäßigen Massen aus. Woraus mag er wohl bestehen? Er enthält (wie wir aus seinem Licht erkennen können) Wasserstoff, Sauerstoff und Helium.

Der Stier.

Orion hält eine große Keule in der rechten Hand. Er holt gerade aus, um sich gegen den großen Stier zu verteidigen,

der ihn angreifen will (Abb. 119). Gerade im rechten Auge
des Stiers steht ein heller Stern. Das ist Aldebaran. Auf dem
Nacken des Stiers sitzt eine kleine Gruppe von sechs Sternen.
Das sind die Plejaden (das Siebengestirn). Diese Sterne sind
Tausende von Jahren lang in vielen weit auseinanderliegenden
Ländern beobachtet worden. Schon in den ältesten Zeiten
wurden sie von den Eingeborenen Perus, Indiens, Australiens,
Ägyptens und vieler anderer Länder zur Festlegung des Ka-
lenders und der religiösen Feste benutzt.

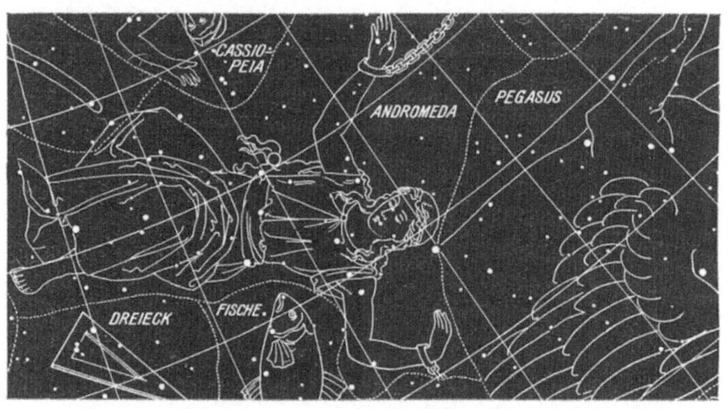

Abb. 120. Das Sternbild Andromeda.

Das Sternbild ist an seinen drei beinahe in einer geraden Linie liegenden
Sternen zu erkennen. α (oder Sirrah) liegt neben ihrem Kopfe, β (Mirach)
auf der linken Seite ihres Gürtels, und γ (Alamak) steht im Saume ihres
Kleides neben ihrem linken Fuß. Der Kreis auf der rechten Seite des Gürtels
gibt die Lage des großen Nebels an. Genau nördlich von Andromeda findet
man Cassiopeia, ihre Mutter, dicht darunter liegt das Dreieck.

Obgleich die einzelnen Sterne schwach und nicht leicht zu
sehen sind, ist die Gruppe auffällig. Sie ist am besten im
Herbst sichtbar, wenn sie im Osten aufgeht, oder im Frühling, wenn sie im Westen untergeht. Wir werden später noch
einige Abbildungen der Plejaden zu sehen bekommen (Abb.
133, 134).

Andromeda.

In Abb. 120 sehen wir die arme Andromeda an die grau-
samen Felsen gekettet. Der helle Stern neben ihrem linken

Abb. 121. Der große Andromedanebel.

Der Andromedanebel ist mit dem bloßen Auge deutlich als Nebel zu erkennen, im Fernrohr ist er ein sehr schönes Objekt. Er ist 3° lang — das ist
das Sechsfache des Monddurchmessers. Seine Entfernung wird auf 700000
Lichtjahre geschätzt, sein Durchmesser auf 50000 Lichtjahre. Er ist aber
bestimmt noch viel größer, als er auf den Aufnahmen erscheint; er ist vielleicht ebenso groß wie unser ganzes Milchstraßensystem und wahrscheinlich
auch eine solche „Weltinsel". Die einzelnen Sterne, die man über den Nebel
verstreut sieht, stehen vor ihm. Der Andromedanebel ist eine schräg von
der Seite gesehene Spirale. Das Bild ist eine 4 Stunden-Aufnahme mit dem
60 cm-Spiegelteleskop der Yerkes-Sternwarte.

Ohre ist Sirrah, der auf der linken Seite ihres Gürtels ist
Mirach, während Alamak im Saume ihres Gewandes steht.
Etwa 10° über Mirach, auf der rechten Seite des Gürtels, gibt
ein kleiner Kreis wieder den Ort eines jener sonderbaren Nebel an. Hier liegt der große Andromeda-Nebel. Er ist der
einzige, der mit dem bloßen Auge als Nebel erkannt werden
kann. Dieses berühmte Objekt steht für die Abendbeobach-
tung günstig im Sommer im Osten und im Winter über uns.
In einem Feldstecher sieht er wie ein länglich rundes Wölk-
chen aus, und seine ganze Pracht und Schönheit enthüllt sich
erst durch die Photographie. Abb. 121 ist ein schönes Bild
des Nebels.

Besteht dieser Nebel auch aus Gas? Das Spektroskop sagt:
nein. Wir haben tatsächlich guten Grund zu glauben, daß er
eine Ansammlung von Sternen ist, und daß er wahrscheinlich
ebenso groß ist wie unser Milchstraßensystem, aber so weit
entfernt, daß er wie eine kleine Wolke am Himmel aussieht.
Er nähert sich unserem System mit einer Geschwindigkeit von
220 km in der Sekunde.

Das Dreieck und sein Nebel.

Andromeda dicht benachbart liegt das Dreieck (Triangulum), ein kleines Sternbild, das einen anderen berühmten Nebel enthält. Dieser Nebel (Abb. 122) ist eine wunderschöne
Spirale. Man sieht deutlich den zentralen Kern und die beiden
Arme, die an entgegengesetzten Punkten von ihm ausgehen.
Er hat große Ähnlichkeit mit einem Feuerwerksrad, das
herumwirbelt und Funken sprüht. Ganz gewiß rotiert dieser
Nebel! Wie lange er aber braucht, um sich einmal ganz her-
umzudrehen, ist vorläufig noch unbekannt.

Andere Spiralnebel.

In Abb. 123 sehen wir eine andere schöne Spirale. Sie
liegt im Sternbild der Jagdhunde (Canes venatici), nicht weit
vom Ende des Schwanzes des Großen Bären. Auch hier gehen
von dem großen zentralen Kern zwei Arme aus, die sich dann
um ihn herumwinden.

154

Dieser Nebel ist mit dem bloßen Auge nicht zu sehen, und selbst in einem guten Fernrohr ist seine Form nicht gut zu erkennen. Ein wie schönes Objekt ist er aber auf der Photographie! Auch die Bewegung dieses Nebels ist in seiner Form unverkennbar ausgeprägt. Es ist aber noch nicht einmal ganz sicher, in welcher Richtung die Drehung erfolgt.

Abb. 122.   Der Spiralnebel im Triangulum.

Ein schwaches Objekt, dessen Schönheit erst in der Photographie sichtbar wird. Wir sehen hier von oben auf die Spirale. In den Armen sieht man Nebelbatzen und Sterne nebeneinander; man vermutet auch, daß sich die Nebelmaterie zu Sternen verdichtet. Der Nebel ist ungefähr ebenso weit entfernt wie der Andromedanebel und hat einen Durchmesser von etwa 15000 Lichtjahren. Die Aufnahme ist mit dem $1^1/_2$ m-Spiegel des Mount Wilson-Observatoriums mit einer Belichtung von $8^1/_2$ Stunden gemacht.

Auf diese beiden zuletzt besprochenen Spiralen sehen wir
direkt von oben. Den Andromeda-Nebel sehen wir schräg von

Abb. 123.   Der Spiralnebel in den Jagdhunden.

Eine berühmte Spirale, auf die wir ebenfalls von oben sehen. Man sieht hier
sehr deutlich den hellen zentralen Kern und die beiden Arme, die an entgegengesetzten Punkten von ihm ausgehen. Die Arme bestehen aus nebliger
Materie und Sternen. Die spiralige Natur dieses Nebels wurde 1845 von
Earl of Rosse mit seinem berühmten 1,8 m-Spiegel entdeckt; die Feinheiten
seiner Struktur sind aber erst mit Hilfe der photographischen Aufnahmen
unserer modernen Instrumente erkannt worden. (Aufnahme des $2^1/_2$ m-
Spiegels auf Mount Wilson.)

der Seite, in Abb. 124 sehen wir aber eine Spirale, die uns
ihre Kante zukehrt. In dieser Lage erscheint sie ganz dünn.
Der Kern ist, wie wir sehen, ziemlich rund, und der dunkle

Abb. 124. Ein von der Seite gesehener Spiralnebel.

Dieser seltsame Nebel liegt in dem unscheinbaren Sternbild zwischen Bootes
und Löwe, das als „Haar der Berenice" bezeichnet wird. Auf der Photographie erkennt man, daß es sich um eine Spirale handelt, auf deren Kante
wir blicken. In der Mitte sieht man den offenbar runden Kern. Der dunkle
Streifen, der ihn durchsetzt, ist zweifellos der äußere Rand des Nebels oder
einer der Arme, die (von uns aus gesehen) vor dem Kern liegen. (Aufnahme
des $1^1/_2$ m-Spiegels auf Mount Wilson. Belichtung 5 Stunden.)

Strich, der in der Mitte hindurchgeht, ist der äußerste Rand
des Nebels.

Slipher (am Lowell-Observatorium) hat gezeigt, daß sich
dieser Nebel mit einer Geschwindigkeit von 1000 km in der
Sekunde von unserem System entfernt.

Es gibt Tausende solcher Spiralnebel am Himmel, die alle
ungeheuer weit entfernt sind. Sie scheinen den allgemeinsten

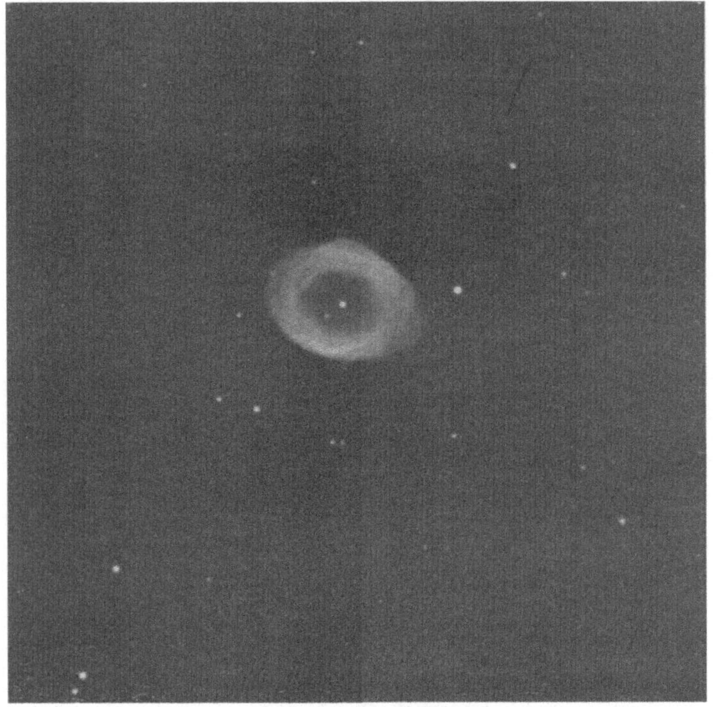

Abb. 125. Der Ringnebel in der Leier.

Der Nebel liegt zwischen den Sternen β und γ in der Leier und ist schon mit
einem kleinen Fernrohr zu erkennen. Der Zentralstern, der in der Photographie so hervortritt, ist bei direkter Betrachtung außerordentlich schwach
und in einem 60 cm-Fernrohr kaum zu sehen. Die meisten Gebilde dieser
Art sind weniger als 1000 Lichtjahre von uns entfernt. Der hier abgebildete
Nebel nimmt einen viel größeren Raum ein als das ganze Sonnensystem.
(Aufnahme mit dem 184 cm-Spiegel des Astrophysikalischen Observatoriums
in Victoria, Canada. Belichtung 30 Minuten.)

Nebeltypus zu bilden. Staunend sinnen wir darüber nach, wie sie wohl entstanden sind und was aus ihnen werden mag.

Andere Arten von Nebeln.

Einen Nebel von anderer Art finden wir in der Leier (Lyra). Schon in einem kleinen Fernrohr ist seine Form sehr gut zu erkennen, noch viel besser zeigt sie die Photographie (Abb. 125). Der Nebel hat die Gestalt eines Ringes. Es sind noch mehr Ringnebel entdeckt worden, es ist aber kein anderer so schön wie dieser.

Es gibt noch viele andere seltsame Nebel, wir wollen hier aber nur noch einen betrachten (Abb. 126). Er heißt der „Zirrus-Nebel" und liegt im Schwan (Cygnus). Er sieht aus wie leichtes Federgewölk, das vom Winde zerzaust wird; wir dürfen aber nicht vergessen, daß es dort, wo dieser Nebel liegt, Luftströmungen, wie wir sie auf der Erde haben, nicht gibt.

Die Entfernung der Sterne.

Wir haben bisher wenig über die Entfernung der Fixsterne und Nebel gesagt. Es ist auch erst in der jüngsten Vergangenheit möglich geworden, festzustellen, wie weit sie von uns entfernt sind. Ihre Entfernungen zu messen, ist vielleicht die mühsamste Aufgabe, die der Astronom unternehmen kann. Sie erfordert das Äußerste an Geschick, Geduld und Sorgfalt — und das alles, weil die Sterne so sehr weit entfernt sind.

Wir wissen, daß die Sonne 150 Millionen km von der Erde entfernt ist, aber das sagt dem gewöhnlichen Sterblichen nicht viel; und wenn wir feststellen, daß der nächste unter den Sternen 270000mal so weit weg ist wie die Sonne, so geht das über unser Vorstellungsvermögen.

Wir wollen deshalb auf andere Weise zu erfassen versuchen, was das bedeutet.

„Die Flügel der Morgenröte."

Es gibt in der Bibel viele schöne poetische Sprachwendungen; eine der schönsten findet sich im 139. Psalm: „Nähme ich Flügel der Morgenröte und bliebe am äußersten Meer, so

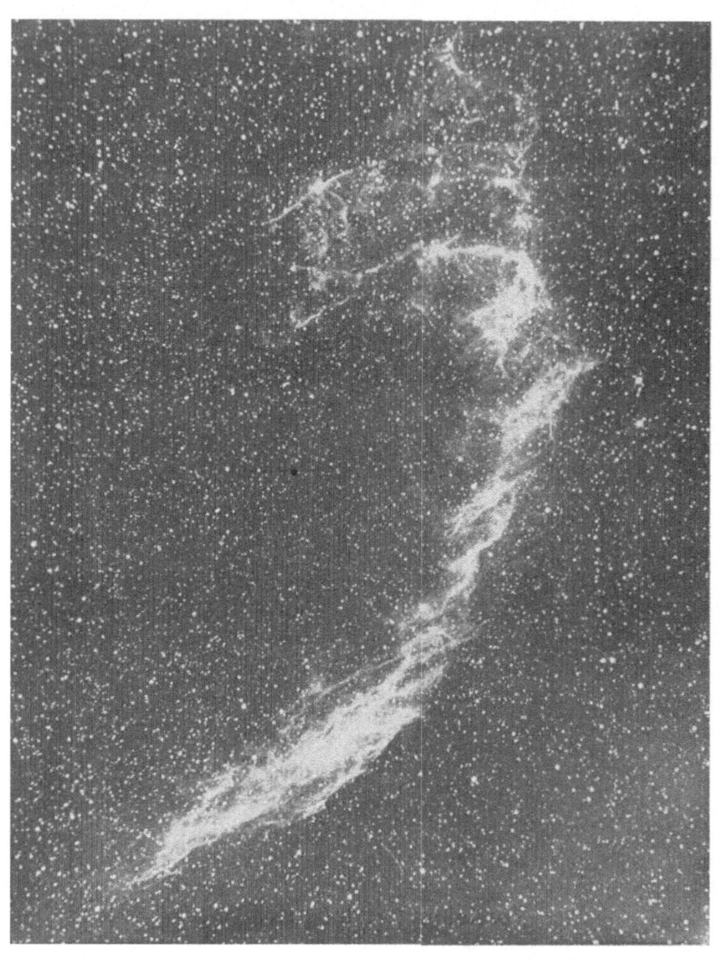

Abb. 126. Der Zirrusnebel im Schwan.

Dieser unregelmäßige, faserige Nebel liegt mitten in der Milchstraße. Er ist wahrscheinlich mehrere hundert Lichtjahre entfernt, aber lange nicht so weit wie die Spiralnebel. Nicht weit von diesem Nebel liegt ein anderer von derselben Art; die photographischen Aufnahmen zeigen außerdem, daß der ganze Raum in ihrer Umgebung von nebliger Materie erfüllt ist. (Aufnahme mit dem 60 cm-Spiegel des Yerkes-Observatoriums. Belichtung 3 Stunden.)

würde mich doch deine Hand daselbst führen und deine Rechte mich halten.“

Was ist nun wohl mit den „Flügeln der Morgenröte“ ge- meint? Die Abb. 127 erklärt uns das sehr schön. Die Sonne steigt gerade über den östlichen Horizont empor und über- gießt die Wolken mit glühenden Farben. Ihre Strahlen schie- ßen durch die Wolkenlücken hindurch und bilden die gerad- linigen Strahlen, die wir in dem Bilde sehen. Das sind die „Flügel der Morgenröte“. Am Nachmittag hat wohl jeder

Abb. 127. Die „Flügel der Morgenröte“.

Die Strahlen der aufgehenden Sonne fallen durch die Lücken zwischen den Wolken am östlichen Horizont und bringen das fächerförmige Strahlensystem hervor, das auf diesem schönen Bilde zu sehen ist. Sie sind höchstwahrschein- lich die „Flügel der Morgenröte“, von denen im Psalm die Rede ist.

schon einmal am Westhimmel etwas Ähnliches gesehen. Man beschreibt diese Erscheinung oft durch den Ausdruck: „Die Sonne zieht Wasser“ (Abb. 128).

„Die Flügel der Morgenröte nehmen“ muß also soviel be- deuten wie die Fähigkeit erlangen, mit der Geschwindigkeit des Lichts durch den Raum zu reisen.

Und wie schnell ist das? Obwohl die Lichtgeschwindigkeit

außerordentlich groß ist, ist sie doch genau gemessen worden. Sie beträgt 3oo ooo km in der Sekunde oder 18 Millionen km in der Minute.

Wir denken, daß sich der Schall schon sehr schnell fortpflanzt; er braucht aber drei Sekunden, um einen einzigen Kilometer zurückzulegen, und würde 36 Stunden brauchen, um die Erde zu umkreisen. Das Licht hingegen kann in einer einzigen Sekunde 7mal um die Erde laufen.

Nehmen wir also einmal an, wir hätten die „Flügel der

Abb. 128. Flug bei Sonnenuntergang.
Das Bild stellt sehr schön die bekannte Erscheinung dar, die der Volksmund mit den Worten „Die Sonne zieht Wasser“ beschreibt. Die Sonnenstrahlen brechen fächerförmig durch die Wolkenlücken, ähnlich (nur umgekehrt) wie bei den „Flügeln der Morgenröte“.

Morgenröte“ zu unserer Verfügung und unternähmen, so ausgerüstet, mit Lichtgeschwindigkeit eine ausgedehnte Reise durch den Raum, um einige der Wunder des Weltalls zu besichtigen.

Von der Sonne, dem Mittelpunkt unseres Systems, aus wollen wir unsere Reise antreten. In $3\frac{1}{3}$ Minuten würden wir Merkur erreichen, in 6 Minuten Venus, in $8\frac{1}{3}$ Minuten die Erde und in 13 Minuten den Mars. Dann reisen wir weiter zu

Jupiter, Saturn und Uranus und erreichen 4 Stunden nach unserem Aufbruch Neptun, nach weiteren 3 Stunden Pluto in seiner fernsten Stellung.

Damit sind wir an der Grenze des Sonnensystems angelangt und sehen uns nach einem für einen Besuch passenden Stern um.

Wir könnten wohl vermuten, daß Sirius der nächste ist, weil er am hellsten ist; da uns aber einfällt, daß ein irdischer Astronom festgestellt hat, daß der Stern Alpha Centauri am südlichen Himmel unserem System am nächsten ist, machen wir uns dahin auf den Weg.

Wir reisen einen ganzen Tag weiter; er wird nicht heller, er sieht noch ebenso weit entfernt aus. Wir fahren eine ganze Woche, einen Monat — keine merkliche Veränderung. Dieser Stern muß ungeheuer weit entfernt sein! Wir reisen ein Jahr lang so weiter, immer mit einer Geschwindigkeit von 18 Millionen km in der Minute. Wir kommen jetzt sicher schon näher, denn er ist schon doppelt so hell wie zuerst, aber er ist noch nicht so hell wie Sirius.

So reisen wir zwei, drei, vier Jahre; er ist jetzt viel heller, aber immer noch nur ein Stern. Aber am Ende von vier weiteren Monaten ist er sehr viel heller, und schließlich sind wir nahe genug, um ihn genau zu betrachten.

Und was finden wir? Er ist eine große leuchtende Sonne wie unsere eigene!

So ist es auch mit allen anderen Sternen. Sie sind alle Sonnen — manche größer, manche kleiner als unsere Sonne; und vielleicht haben einige von ihnen auch Planeten, die sie umkreisen: wir wissen nichts Bestimmtes darüber.

Da wir $4\frac{1}{3}$ Jahre nötig hatten, um mit Lichtgeschwindigkeit Alpha Centauri zu erreichen, sagen wir, daß er $4\frac{1}{3}$ Lichtjahre entfernt ist.

Ein Spinnfaden nach einem Stern.

Der verstorbene John A. Brashear in Pittsburgh, ein berühmter Verfertiger von Fernrohrlinsen und -spiegeln, pflegte eine interessante Geschichte zu erzählen.

Als Hilfsmittel für Messungen bringt man in dem Okular mancher Fernrohre sehr dünne Fäden an, und schon seit langer Zeit verwendet man Spinnfäden für diesen Zweck. Man benutzt dafür nicht die ziemlich groben Fäden, die wir auf den Bäumen und im Gras sehen, wenn morgens der Tau auf ihnen glänzt, sondern den feinen Faden, mit dem die Mutterspinne den kleinen Kokon umwickelt, um ihn für seinen Zweck, den Schutz der in ihm heranwachsenden jungen Spinne, widerstandsfähig genug zu machen. Dieser Faden ist außerordentlich dünn und zart. Es erfordert recht viel Vorsicht und Geschick, damit umzugehen.

Eines Tages wog ein Arbeiter, der gerade Spinnfäden benutzt hatte, eine bestimmte, abgemessene Länge davon auf einer empfindlichen Waage und rechnete aus, wie weit ein Pfund reichen würde. Er fand, daß eine solche Menge Spinnfaden 40 000 km lang sein und um die Erde reichen würde, während 10 Pfund bis über den Mond hinausreichen würden.

Brashear rechnete dann aus, wieviel wohl nötig sein würde, um den Stern Alpha im Zentaur zu erreichen. Wieviel mag das wohl sein? 500 000 Tonnen! Um diese Menge mit der Eisenbahn wegzuschaffen, wäre ein Zug von 25 km Länge nötig, den 500 kräftige Lokomotiven ziehen müßten.

Und das ist die Entfernung des *nächsten* unter den Fixsternen — unseres nächsten Nachbarn unter den Sonnen des Weltraums. Sirius, der hellste von ihnen, ist mehr als 8 Lichtjahre entfernt, Wega 27, der Polarstern wahrscheinlich 1000. Und es gibt viele, die noch viel weiter entfernt sind!

Wir sehen nun, daß die Sonne mit ihrem Planetensystem nur einen sehr kleinen Teil des Raumes einnimmt, während ringsherum in unermeßlichen Entfernungen die Sterne und Nebel stehen.

Ein gewaltiges, ein wunderbares und herrliches Weltall!

Elftes Kapitel.

Sternhaufen — Dunkle Nebel — Die Natur der Sterne.

Dunkle Höhlen in der Milchstraße.

Es warten noch viele andere wunderbare Dinge auf uns. Blicken wir einmal auf den Teil der Milchstraße, der in Abb. 129 abgebildet ist. In der Mitte des Bildes liegt ein großes dunkles, schlangenartig gewundenes Gebilde und etwas tiefer links zwei weitere dunkle Stellen. In diesen Gebieten scheinen die Sterne zu fehlen, und wir möchten natürlich wissen, warum.

Es sind zwei Erklärungen vorgeschlagen worden. In der ganzen Umgebung gibt es große Mengen von Sternen und auch Nebelbatzen zwischen ihnen, aber es kann sein, daß diese dunklen Stellen wirkliche Löcher in den Sternwolken sind, und daß in diesen Richtungen überhaupt keine Sterne stehen. Diese Ansicht vertreten nur wenige Astronomen. Die meisten halten es für wahrscheinlicher, daß sich da draußen in den Tiefen des Raums irgend etwas Stoffliches befindet — Staub oder jedenfalls fein verteilte dunkle Materie von irgendwelcher Art —, das zufällig zwischen uns und diesen Teilen der Milchstraße liegt und uns verhindert, sie zu sehen. Die wenigen vereinzelten Sterne, die in den dunklen Gebieten zu sehen sind, sind wahrscheinlich Sterne, die vor der dunklen Wolke stehen, die also etwas näher sind als die dunkle Materie.

Abb. 130 ist noch eine Aufnahme von derselben Art. Sie zeigt ein seltsames Durcheinander von dunklen Stellen, Sternwolken und hellen Nebelflecken. Der kleine Ausschnitt des Himmels, der auf diesem Bilde zu sehen ist, liegt im dichtesten Teil der Milchstraße. Welch einen Reichtum von sonderbaren Objekten finden wir da draußen im Weltraum!

Eine andere seltsame Zusammenstellung finden wir in Abb. 131. Wir haben hier ein großes helles Nebelgebiet, viele kleinere helle Flecke und mehrere dunkle Gebiete von verschiedener Form. Die große helle Masse ist als „Pelikan"-

165

Abb. 129. Dunkle Stellen in der Milchstraße.

Man nimmt an, daß die dunklen Stellen durch große Wolken von Staub („kosmischer Staub") oder irgendwelcher halbdurchsichtiger Materie hervorgerufen werden, die die hinter ihnen stehenden Sterne verdecken. Wenn sich eine solche Wolke in der Nähe eines hellen Sterns befindet, wird sie von dem Licht des Sterns beleuchtet und schwach sichtbar. Die Aufnahme zeigt, daß in dem abgebildeten Gebiet (im Schwan) große Mengen solchen kosmischen Staubes vorhanden sind. (Großer Mount Wilson-Spiegel, Belichtung 2 Stunden 45 Minuten.)

Nebel bekannt und liegt im Schwan, etwa 2° östlich von dem hellen Stern Deneb.

Das merkwürdigste unter allen diesen Objekten ist viel-

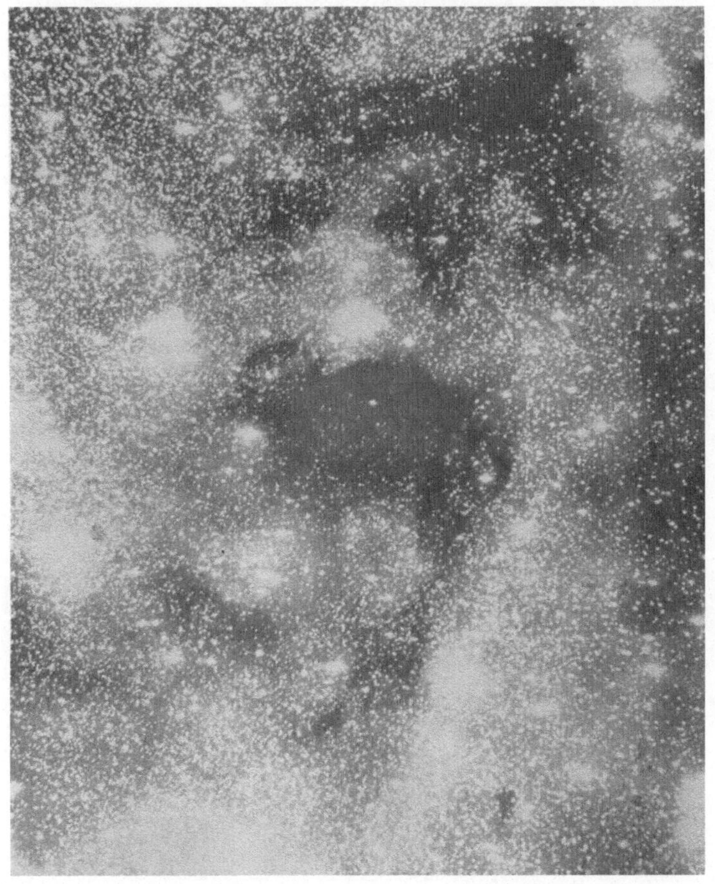

Abb. 130. Ein dunkles Loch in der Milchstraße.

Im Fernrohr erscheint dieser Fleck vollkommen schwarz. Die Sterne, die man in ihm sieht, stehen in Wirklichkeit vor der dunklen Materie, die den Fleck hervorruft. (Großer Mount Wilson-Spiegel, Belichtung 4 Stunden.)

leicht das auf der nächsten Abbildung erscheinende (Abb. 132). Es findet sich am Himmel etwas südlich von dem östlichsten

Stern im Gürtel des Orion. Diese große dunkle Masse, die mit
einer scharf begrenzten Bucht in das hellere Gebiet rechts

Abb. 131. Der „Pelikan"nebel.

Das hier abgebildete Himmelsfeld liegt etwa 3° östlich von dem Stern Deneb
im Schwan. Die hellen Nebelpartien sind offenbar kosmischer Staub, der
von den eingehüllten Sternen beleuchtet wird. Die dunklen Streifen und
Flecke rühren von gewaltigen dunklen Staubwolken her, die uns den hellen
Hintergrund verdecken. Die hellen Flecke sind wahrscheinlich Nebelballen,
die durch Sterne, die in ihnen liegen, erleuchtet werden. (Großer Mount
Wilson-Spiegel, Belichtung 4 Stunden 45 Minuten.)

168

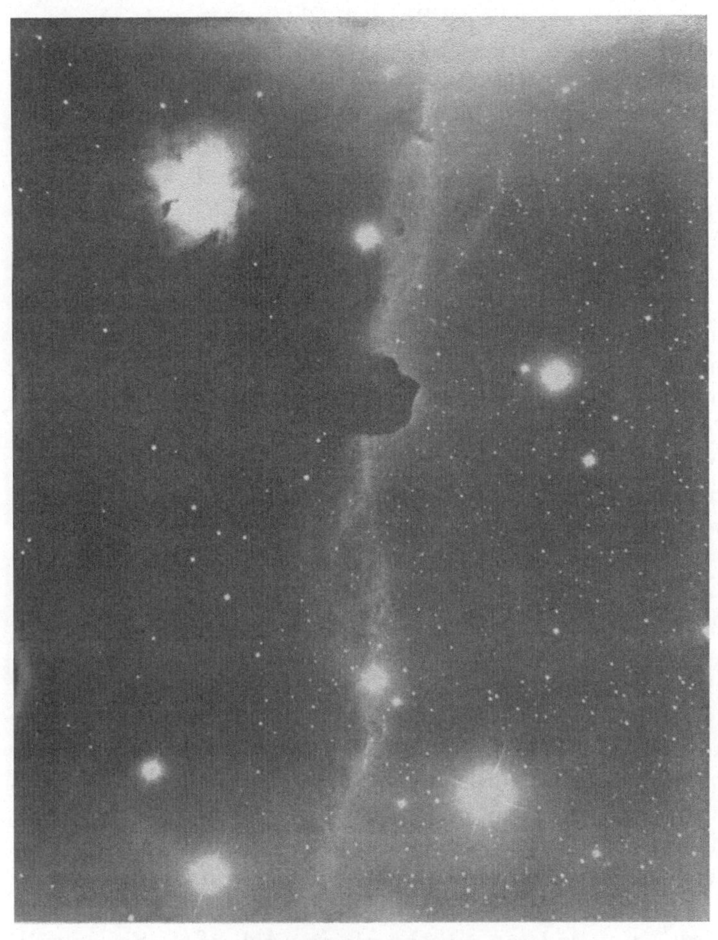

Abb. 132. Die „dunkle Bucht".

Dieses seltsame Gebilde liegt genau südlich von dem Stern ζ im Orion, dem östlichsten der Gürtelsterne. Man erkennt den schwachen Nebelstreifen, der in der Mitte von oben bis unten durch das Bild läuft und es so in zwei Teile teilt. In der rechten Hälfte sieht man zahlreiche schwache Sterne, in der linken Hälfte sind nur wenige zu sehen. Augenscheinlich verdeckt auf der linken Seite eine große dunkle Wolke die schwachen Sterne, so daß nur die Sterne übrigbleiben, die vor ihr liegen und sich von ihr als schwarzem Hintergrund abheben. (Mount Wilson, $2^1/_2$ m-Spiegel, Belichtung 3 Stunden.)

hineinragt, verdeckt alle Sterne, die hinter ihr liegen; man kann erkennen, daß ihr Rand durch Sterne in der Nachbarschaft schwach erleuchtet ist. Oben links befindet sich ein heller Nebel.

Wir haben somit Zeugnis von der Existenz nebliger Materie, die sich über weite Gebiete des Raums erstreckt und sich im allgemeinen in sehr dünnem Zustande befindet, wenn sie auch an manchen Stellen etwas dichter auftritt. Diese Materie wird gelegentlich als „kosmischer Staub“ oder als „Weltstoff“ erwähnt.

Nun bewegt sich ja die Sonne mit den dazugehörigen Planeten und deren Monden mit einer Geschwindigkeit von 20 km in der Sekunde durch den Raum auf das Sternbild Leier zu, und es ist durchaus wahrscheinlich, daß unser System in früherer Zeit zu mehreren Malen durch irgendeine dieser Nebelmassen hindurchgegangen ist. Das würde zweifellos Schwankungen in der Wärmemenge verursachen, die die Erde von der Sonne erhält und infolgedessen auch in der Temperatur der Erde. Es ist möglich, daß solche Veränderungen die Eiszeiten hervorgerufen haben, die uns aus der Erdgeschichte bekannt sind.

Sternhaufen.

Wir haben schon von der kleinen Sterngruppe der Plejaden auf dem Nacken des Stiers gesprochen. Abb. 133 ist eine photographische Aufnahme der Gruppe und ihrer Umgebung. Mit dem bloßen Auge sind sechs Sterne leicht zu sehen, gute Augen sehen acht. Besonders scharfe Augen haben sogar vierzehn gesehen, die Photographie zeigt aber tausend.

Bei sehr langer Belichtung bringt die Photographie aber noch etwas anderes zum Vorschein (Abb. 134). Sie enthüllt uns, daß diese Sterne förmlich in Nebelmaterie eingebettet sind, und daß der ganze Raum in ihrer Nähe voll davon ist.

Es gibt so viele Dinge am Himmel, die das Auge allein nicht entdecken kann — wahrscheinlich noch viel mehr, als wir mit unseren Hilfsmitteln sehen können.

Einen Sternhaufen, der nicht ganz so zerstreut ist wie die Plejaden, zeigt Abb. 135. Es ist die Krippe (Praesepe), und ihre Lage im Krebs (Cancer) findet man auf den Sternkarten (Abb. 104 und 106). Man kann sie mit dem bloßen Auge am Himmel erkennen, man kann aber nicht die einzelnen Sterne unterscheiden.

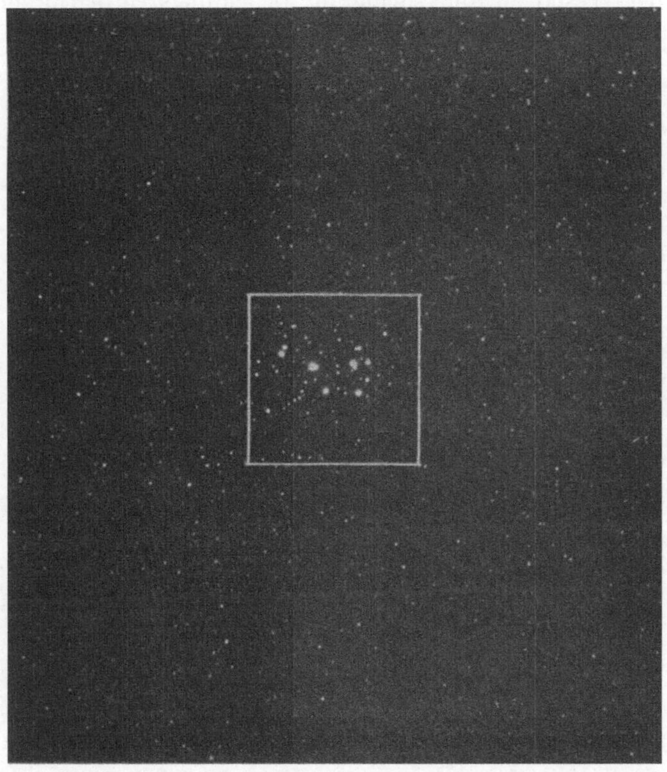

Abb. 133. Die Plejaden — ein offener Sternhaufen.

Sechs Sterne sind in dunklen Nächten leicht zu sehen. In einem Fernrohr von 7—8 cm Öffnung sind ungefähr hundert sichtbar, und photographische Aufnahmen zeigen noch viel mehr. Der hellste Stern heißt Alcyone. Die Sterngruppe ist etwa 300 Lichtjahre entfernt. Unsere Aufnahme enthält Sterne bis zur 13. Größenklasse. Der von dem weißen Quadrat umschlossene Teil ist das Feld der Abb. 134.

Die schönsten Sternhaufen sind die, in denen die Sterne kugelförmig zusammengehäuft erscheinen. Es sind etwa 100 solche kugelförmigen Sternhaufen bekannt. Den schönsten am

Nordhimmel zeigt Abb. 136. Man findet ihn auf der Seitenkante des Blumentopfs im Sternbild Herkules; wir haben ihn erwähnt, als wir die Sommersterne betrachteten (S. 140). Unser Bild ist eine Aufnahme des Observatoriums in Victoria an der Westküste von Canada, die Belichtungszeit betrug eine Stunde.

Abb. 134. Die Plejaden mit ihren Nebeln.

Aufnahmen mit langer Belichtung zeigen, daß die Plejadensterne in Nebelmaterie eingebettet sind. Mit Hilfe des Spektroskops läßt sich feststellen, daß das Licht des Nebels in jedem Falle genau so beschaffen ist wie das Licht des Sterns, der in ihm steht, und daraus folgert man, daß die den Stern umschließende Wolke eigentlich dunkel ist und durch das Licht des Sterns zum Leuchten gebracht wird.

In der Mitte stehen die Sterne dicht beieinander, man kann aber immer noch die einzelnen Sterne unterscheiden. Weiter draußen sind viele schwächere sichtbar, und wenn man länger belichtet, kommen noch viel mehr zum Vorschein.

Das zeigt Abb. 137. Diese Aufnahme ist elf Stunden — über drei aufeinanderfolgende Nächte verteilt — belichtet.

Abb. 135. Praesepe (die Krippe).
In diesem Haufen, der im Krebs liegt, stehen die Sterne dichter beieinander als in den Plejaden; sie erscheinen als einzelne Sonnen ohne jede neblige Umhüllung.

worden. Die Kamera wurde über Tag geschlossen gehalten und am Abend wieder geöffnet. In der Mitte gehen die Bilder ineinander über, aber außerhalb sind die Sterne in gewaltigen Mengen sichtbar.

Wieviel Sterne gibt es wohl in diesem Kugelhaufen? Man hat versucht, sie zu zählen. Nachdem man einen gewissen Teil

Abb. 136. Der große Kugelhaufen im Herkules.

Die Sterne erscheinen hier zu einer großen Kugel vereinigt. Die Sterne sind alle sehr schwach, man kann sie aber einzeln auf dem Bilde erkennen. Im Hintergrund sieht man viele noch schwächere schimmern. Die kugelförmigen Sternhaufen befinden sich in ungeheuren Entfernungen (20 000—200 000 Licht-jahre). Die Abbildung ist eine einstündige Aufnahme mit dem 184 cm-Spiegel in Victoria (Canada).

des Haufens abgegrenzt hatte, hat man die in diesem Bezirk vorhandenen Sterne gezählt, und danach hat man die Gesamt-

zahl geschätzt. Es sollen über 50000 sein! Auf dem Bilde
stehen sie scheinbar dicht beieinander, in Wirklichkeit ist aber
jeder mindestens 1 Million km von seinem nächsten Nachbar

Abb. 137. Der große kugelförmige Sternhaufen im Herkules.

Es ist durch wirkliche Zählung festgestellt, daß dieser Sternhaufen mehr als
50000 Sterne enthält. Obwohl sie hier dicht beieinander zu stehen scheinen,
sind doch die nächsten Nachbarn im allgemeinen weiter als eine Billion Kilometer voneinander entfernt. Das Bild ist eine Aufnahme mit dem $1^1/_2$ m-
Spiegel des Mount Wilson-Observatoriums, die Belichtung dauerte (in drei
Nächten) 11 Stunden.

entfernt — wahrscheinlich sogar eine Billion, da die Entfernung des Haufens auf 36 000 Lichtjahre geschätzt wird. Und dabei müssen wir uns noch vorstellen, daß jeder dieser Sterne eine Sonne ist, die vielleicht auch von Planeten umkreist wird. Kann man sich ein wunderbareres Gebilde denken?

Woraus bestehen die Sterne?

Betrachten wir zum Schluß noch einen Augenblick, was in den Sternen ist. Obgleich sie ungeheuer weit entfernt sind, senden sie uns durch ihre Lichtwellen fortwährend Botschaften zu, und mit Hilfe des Spektroskops kann der Astronom lesen, was sie uns mitteilen.

Wir erfahren so, daß diese Millionen von Sonnen in allen Teilen des Raumes aus Eisen, Wasserstoff, Natrium, Kohlenstoff und anderen Substanzen zusammengesetzt sind, die auch auf der Erde bekannt sind. Alle Himmelskörper sind aus denselben Stoffen aufgebaut. Es herrscht eine wunderbare Gleichförmigkeit oder Einheit im ganzen Weltall; uns kommt der Gedanke, daß es nach einem klaren und weisen Plan gebaut ist, und wir fühlen, daß ein unendlicher Geist dahinter steht und es beherrscht.

Wenn wir mit unserem geistigen Auge auf die Planeten schauen, die um die Sonne laufen, und auf die Monde, die sich um die Planeten bewegen; wenn wir uns vergegenwärtigen, wie jeder der ihm vorgeschriebenen Bahn folgt und sich gleichzeitig in der für ihn gültigen Periode um seine Achse dreht; wenn wir dann in die Weite blicken und die Heerscharen der Sterne und die Nebel sehen, fast unendlich in Zahl, Entfernung und Größe, und doch alle aus denselben Stoffen, welche uns auf der Erde vertraut sind, dann überkommt uns eine Ahnung von der Größe des Weltalls, und wir sind sicher bereit, dem Psalmisten beizustimmen, wenn er ausruft: „Die Himmel erzählen die Ehre Gottes, und die Feste verkündiget seiner Hände Werk."

Abb. 138. Die Leben spendende Sonne.

Eine Szene auf der goldenen Rückenlehne des Thrones, den man im Grabe
Tut-ankh-Amens gefunden hat. Der König sitzt auf einem gepolsterten
Thron, die jugendliche Königin steht vor ihm. In ihrer linken Hand hält sie
ein Gefäß mit Salbe, die sie mit der rechten sanft auf des Königs Schulter
aufträgt. Von oben her sendet die Sonne ihre lebenspendenden Strahlen
herab: jeder endigt in einer Hand, die Gaben austeilt. Die Hände vor dem
König und der Königin halten den *ankh*, das Symbol des Lebens, das sie
ihnen darreichen. Hinter dem König liest man seine beiden Namen: Tut-
ankh-Amen und Kheperu-neb-Re. Die Inschrift hinter der Königin lautet:
Die Königin der Zwei Länder, Ankh-s-p-Aten, bringt viel schönes Öl, die
Krone des Königs zu salben. Es möge ewiges Leben und unvergängliche
Kraft verleihen!

Anhang.

Einige wissenswerte astronomische Zahlen.

I. Das Sonnensystem.

1. Sonne und Mond.

	Durch-messer in km	Masse (Erde = 1)	Volumen (Erde = 1)	Dichte (Wasser = 1)	Rotations-dauer	Schwere an der Oberfläche (Erde = 1)
Sonne..	1 391 000	332 000	1 300 000	1,4	$24^2/_3$ Tage	28
Mond ..	3 476	$^1/_{81,5}$	$^1/_{49}$	3,3	$27^1/_3$,,	$^1/_6$

2. Die Planeten.

Planet	Mittlere Ent-fernung in Mill. km[1]	Umlaufszeit	Durch-schnitt-liche Ge-schwin-digkeit in km/sec	Äquator-durch-messer in km	Masse (Erde=1)	Rotations-dauer
Merkur...	58	88 Tage	48	4 800	0,04	88 Tage
Venus....	108	225 ,,	35	12 200	0,81	Unbestimmt
Erde	149,5	$365^1/_4$,,	30	12 757	1,00	23h56m4s,09[2]
Mars	228	687 ,,	24	6 800	0,11	24h37m22s,6
Jupiter ..	778	11,86 Jahre	13	143 000	317	9h55m
Saturn ...	1426	29,5 ,,	10	121 000	95	10h14m
Uranus ..	2870	84,0 ,,	7	50 000	15	$10^3/_4$h
Neptun...	4500	164,8 ,,	5	53 000	17	15h ?
Pluto	5900	248 ,,	5	5 000 ?	0,1 ?	?

[1] Die mittlere Entfernung eines Planeten ist der halbe größte Durch-messer seiner elliptischen Bahn.

[2] Die wahre Rotationszeit der Erde ist nicht der gewöhnliche Tag, der als Zeitintervall zwischen zwei aufeinanderfolgenden Mittagsstellungen der Sonne definiert ist. Die Sonne bewegt sich scheinbar am Himmel nach Osten, die Umdrehungszeit der Erde muß daher mit Hilfe der Sterne bestimmt werden.

3. Zahl der Monde der einzelnen Planeten.

Planet	Zahl der Monde	Planet	Zahl der Monde
Merkur	0	Jupiter	11
Venus	0	Saturn	9
Erde	1	Uranus	4
Mars	2	Neptun	1
		Pluto	0

II. Die Fixsterne.

1. Die zwanzig hellsten Sterne.
(Nach der Helligkeit geordnet.)

Name des Sterns	Größe	Entfernung in Lichtjahren	Geschwindigkeit in km/sec	Leuchtkraft (Sonne = 1)
α Canis majoris (Sirius)	— 1,6	9	19	25
α Carinae (Canopus) (S)	— 0,9	650	30	80000
α Centauri (S)	0,1	4	33	1,4
α Lyrae (Wega)	0,1	27	20	52
α Aurigae (Capella)	0,2	46	42	130
α Bootis (Arktur)	0,2	38	130	100
β Orionis (Rigel)	0,3	540	24	17000
α Canis minoris (Procyon) ..	0,5	11	20	6
α Eridani (Achernar) (S) ...	0,6	67	21	210
β Centauri (S)	0,9	91	13	280
α Aquilae (Atair)	0,9	16	31	8
α Orionis (Beteigeuze)......	0,9	300	25	3000
α Crucis (S)	1,1	110	11	330
α Tauri (Aldebaran)	1,1	71	58	140
β Geminorum (Pollux)	1,2	33	31	28
α Virginis (Spica)	1,2	300	23	2300
α Scorpii (Antares)	1,2	120	7	360
α Piscis austrini (Fomalhaut)	1,3	24	14	14
α Cygni (Deneb)	1,3	sehr groß	—	sehr groß
α Leonis (Regulus)	1,3	80	29	140

In der ersten Spalte sind an erster Stelle die lateinischen Namen der Sterne aufgeführt. α Canis majoris ist der Stern α im Großen Hund usw. Der Buchstabe S bedeutet, daß der Stern auf der Südhalbkugel liegt.

Man bezeichnet diese zwanzig Sterne gewöhnlich als Sterne 1. Größe, obwohl sie in Wirklichkeit sehr verschieden hell sind. In der letzten Spalte ist angegeben, wievielmal so hell wie die Sonne jeder Stern erscheinen würde, wenn man Stern und Sonne in dieselbe Entfernung versetzen könnte.

Unsere Kenntnis der großen Entfernungen ist noch sehr unsicher. Die darüber gemachten Angaben können durch neuere Beobachtungen noch erheblich verändert werden. Dasselbe gilt auch für die davon abhängigen Zahlen der letzten Spalte und für die Durchmesser in der nächsten Tabelle.

2. Gemessene Sterndurchmesser.

Stern	Durchmesser in km	Stern	Durchmesser in km
α Bootis (Arktur) ...	35 000 000	β Pegasi (Scheat) ...	220 000 000
α Tauri (Aldebaran) .	65 000 000	α Herculis (Ras Al-	mehr als
α Orionis (Beteigeuze)	600 000 000	gethi)	1 000 000 000
α Scorpii (Antares) ..	210 000 000	o Ceti (Mira)	600 000 000

3. Oberflächentemperaturen der Sterne.

Sternfarbe und Beispiel	Temperatur	Sternfarbe und Beispiel	Temperatur
Blau-weiß (Bellatrix) ...	23 000°	Orange (Arktur)........	4 200°
Weiß (Sirius)	11 000°	Rot (Beteigeuze)	3 000°
Gelblich weiß (Canopus) .	7 400°	Tief rot (nur schwache	
Gelb (Capella)	5 600°	Sterne)	2 600°

Die Temperatur wird nicht einfach aus der Farbe, sondern aus dem Spektrum bestimmt. Im Mittelpunkte der Sterne ist die Temperatur sehr viel höher (einige Millionen Grad).

4. Anzahl der Sterne verschiedener Helligkeit.

Größe	Anzahl	Größe	Anzahl
1	20	7	15 500
2	57	8	45 000
3	189	9	123 000
4	514	10	330 000
5	1820	15	27 000 000
6	5500	20	550 000 000

Die Schätzungen verschiedener Beobachter weichen etwas voneinander ab.

5. Die Geschwindigkeit des Lichts.

Das Licht legt in einer Sekunde rund 300 000 km (genau 299 802 km), in einer Minute rund 18 000 000 km, in einem Jahr rund 10 000 000 000 000 km zurück. Es ist also 1 Lichtjahr = 10 Billionen Kilometer.

Namen- und Sachverzeichnis.

S P R I N G E R – V E R L A G · B E R L I N

SPRINGER–VERLAG · BERLIN

Weitere Bände der „Verständlichen Wissenschaft"

Kleine Meteoritenkunde

Von F. Heide

(Band 23.) Mit 92 Abbildungen. VII, 120 Seiten. 1934
Ganzleinen RM 4.80

Da wir in den aus dem Weltraum auf unsere Erde niederstürzenden Meteoriten die einzigen wirklichen materiellen Stoffproben aus dem Weltall sozusagen in die Hand bekommen, ist deren Studium, ihre geologische und chemische Untersuchung natürlich von höchstem Interesse und ganz besonderem Reiz.

Kleine Erdbebenkunde

Von K. Jung

(Band 37.) Mit 95 Abbildungen. V, 159 Seiten. 1938
Ganzleinen RM 4.80

Die kleine Schrift gibt dem Außenstehenden einen vorzüglichen Überblick. Sie behandelt die Erdbeben in ihrer Bedeutung für Wissenschaft und Praxis, die Grundbegriffe der Erdbebenkunde, die Vorgänge im Schüttergebiet (Erdbebenerscheinungen im Gelände, Erdbebenschäden, Stärke und Energie der Erdbeben), die Geographie, die Natur und Ursache sowie die Aufzeichnung der Erdbeben. Sodann wird die Ausbreitung der Erdbebenwellen besprochen, die Bodenunruhe und die Anwendungen der Erdbebenkunde (Seismische Aufschlußmethoden, Echolot und Luftseismik).

Ebbe und Flut

Ihre Entstehung und ihre Wandlungen

Von H. Thorade

(Band 46.) Mit 69 Abbildungen. VI, 115 Seiten. 1940
Ganzleinen RM 4.80

Das Buch verfolgt das Ziel, den wesentlichen Inhalt dessen, was man heute über Ebbe und Flut weiß, ohne mathematische Hilfsmittel darzustellen und verständlich zu machen. Von den Gezeitenerscheinungen an unseren Küsten ausgehend, schildert es deren Verlauf und die Wege zu ihrer Voraussage, um sich weiterhin der Darlegung der fluterzeugenden Gestirnskräfte und ihrer Beobachtung zuzuwenden. An einer Reihe ausgewählter Gewässer wird sodann gezeigt, wie außerordentlich verschieden sich diese stets gleichen Kräfte äußern, und wie die Mannigfaltigkeit der Gezeitenerscheinungen nur hervorgebracht wird durch die ungleiche Fähigkeit der einzelnen Gewässer, auf die Gezeitenkräfte anzusprechen.